中国未来极端气候事件变化预估图集

徐影 等 编著

China Meteorological Press

内 容 简 介

本图集基于耦合模式比较计划第五阶段(CMIP5)提供的多个全球气候模式的模拟结果，根据国际上通用的多个极端气候指数的定义，分析制作了不同温室气体浓度排放情景下，中国21世纪近期(2016—2035年)、中期(2046—2065年)和后期(2080—2099年)温度和降水相关极端气候指数的时间和空间变化图，并对中国及其不同分区极端气候指数变化的不确定性进行了讨论。

本图集对于进一步了解全球变化背景下中国未来极端气候事件的变化趋势有重要意义，它可作为研究气候变化对不同领域产生的影响、脆弱性、风险和承载力等问题的专家学者及业务工作者的参考资料，也可作为从事防灾减灾和适应气候变化的专家学者的参考书。

图书在版编目(CIP)数据

中国未来极端气候事件变化预估图集/徐影编著.
—北京：气象出版社，2015.9
ISBN 978-7-5029-6207-4

Ⅰ.①中⋯　Ⅱ.①徐⋯　Ⅲ.①气候变化-中国-图集
Ⅳ.①P467-64

中国版本图书馆 CIP 数据核字(2015)第 216068 号

出版发行：气象出版社			
地　　址：北京市海淀区中关村南大街 46 号		**邮政编码**：100081	
总 编 室：010-68407112		**发 行 部**：010-68409198	
网　　址：http://www.qxcbs.com		**E-mail**：qxcbs@cma.gov.cn	
责任编辑：陈　红　张　媛		**终　　审**：黄润恒	
封面设计：易普锐创意		**责任技编**：赵相宁	
印　　刷：中国电影出版社印刷厂			
开　　本：787 mm×1092 mm　1/16		**印　　张**：11.5	
字　　数：283 千字			
版　　次：2015 年 10 月第 1 版		**印　　次**：2015 年 10 月第 1 次印刷	
定　　价：90.00 元			

序　言

　　气候变化问题是人类 21 世纪面临的严重挑战,气候变化影响的途径之一是通过天气气候灾害尤其是极端天气气候事件影响自然和人类系统。近年来全球频发的极端气候事件给人类的生命财产安全和经济社会的可持续发展带来严重影响。国际社会日益认识到对极端气候事件发生原因及其造成风险的了解是所有国家应对气候变化的当务之急和优先研究方向之一。中国是受气候变化不利影响最为严重的国家之一,20 世纪 80 年代以来,中国天气气候灾害影响范围逐渐扩大,影响程度日趋严重,直接经济损失不断增加。

　　政府间气候变化专门委员会(IPCC)于 2013 年发布的第五次评估报告(AR5)指出:不断变化的气候可导致极端天气气候事件在频率、强度、空间范围、发生时间和持续时间上的变化,并能够导致前所未有的极端天气气候事件的发生,进一步加大灾害风险发生的可能性。在这种气候变化的大背景下,未来中国面临的极端天气气候事件与全球一样,将可能会趋多趋重,并随着中国经济社会的快速发展,增加中国未来天气气候灾害的风险,严重地威胁着中国粮食安全和生态安全,成为制约社会经济可持续发展的一个重要因素,成为当前防灾减灾中的突出问题。

　　本图集利用多个国家发展的不同全球气候模式数值模拟结果,分析制作了 21 世纪近期(2016—2035 年)、中期(2046—2065 年)和后期(2080—2099 年)不同极端气候指数的时间和空间变化图,并做了简明的分析,这对于了解在全球气候变化背景下,中国未来极端气候事件的可能变化特征具有重要的意义。这些结果可为进一步研究气候变化对不同领域的影响、脆弱性、风险评估和承载力等问题的专家学者及业务工作者提供基本材料,也可为致力于防灾减灾和适应气候变化的专家提供重要参考。

丁一汇

2015 年 5 月于北京

前　言

全球气候变化对环境、生态和社会经济系统具有深远的影响,气候变化问题是 21 世纪各国可持续发展中面临的重大课题。根据 IPCC AR5 的结论,过去 130 多年(1880—2012 年)来全球地表平均温度上升了约 0.85(0.65～1.06)℃,1901—2010 年全球平均海平面以每年 1.7 mm 的速率上升,近 40 年来全球冰川普遍退缩。自工业化以来,大气中二氧化碳等温室气体的浓度持续增加,海洋碳吸收增加,海洋酸化加剧,并指出 1750 年以来大气二氧化碳等温室气体浓度的增加是人类活动影响气候变化的主要原因。预估结果表明:到本世纪末,全球地表平均气温将在目前的基础上再升高 0.3～4.8℃,热浪、强降水等极端事件发生的频率将增加,海平面将上升 0.26～0.82 m,全球冰川体积将继续减少,海洋对碳的进一步吸收将加剧海洋的酸化。

在全球变暖的同时,极端气候事件频发,对自然生态和人类生存环境产生了显著的影响,并将会随着温度的持续升高而不断加深,对可持续发展构成严重威胁,从而可能使各国的经济部门如水资源、农业及沿海地区遭受灾难性的后果。IPCC AR5 第二工作组的主要结论表明:气候变化已经对自然生态系统和人类社会产生了广泛影响。很多地区的降水变化和冰雪消融正在改变水文系统,并影响到水资源量和水质;有 1/3 的河流径流量发生趋势性的变化,并且以径流量减少为主。部分生物物种的地理分布、季节性活动、迁徙模式和丰度等发生了改变。气候变化对粮食产量的不利影响比有利影响更为显著。极端天气气候事件进一步加剧了自然系统和人类社会的脆弱性,降低了对气候变化的适应能力。未来气候变化可能导致更广泛的影响和风险。全球所遭受的风险在相对于工业化前气温升高 1℃ 或 2℃ 时处于中等至高风险水平,而气温升高超过 4℃ 或更高时将处于高或非常高的风险水平。21 世纪许多亚热带干旱区域的可再生地表和地下水资源将显著减少。21 世纪部分生态系统将面临突变和不可逆的变化,大部分陆地和淡水物种将面临更高的灭绝风险。气候变化将对热带和温带地区主要作物(小麦、水稻和玉米)的产量产生不利影响。亚洲面临的风险主要体现在河流、海洋和城市洪水增加,对基础设施、生计和居住区造成大范围破坏;与高温相关的死亡风险增加;与干旱相关的水和粮食短缺造成的营养不良风险也将上升。报告还提出了减少和管理气候变化风险的基本途径。报告强调对于已经和即将发生的不利影响,适应的效果更为显著,但控制长期风险必须强化减缓。气候变化程度的加剧会导致适应极限的出现,减缓行动的延迟将减少未来气候恢复力路径的选择余地。

2012 年 2 月发布的《管理极端事件和灾害风险推进气候变化适应特别报告》,主要阐述了气候变化极端天气气候事件及其影响与相关风险管理战略的关系,把应对极端天气气候事件作为一个在不确定条件下决策的问题,涵盖了观测和预估的极端天气气候事件的变化,也重点阐述了如何适应气候变化的问题。该报告的结果还表明到 21 世纪末大部分极端天气气候事件发生的频率和强度都将增加,并给出信度范围。此报告也指出自然气候变率、人为气候变化以及社会经济发展造成的暴露度、脆弱性和极端气候的变化能够改变极端气候对自然系统、人类系统和潜在灾害的影响。

受气候变化的影响,近50年来,中国极端天气气候事件频发,极端天气气候事件与灾害的频率和强度明显增大,对中国的农业、水资源、林业和牧业等不同的领域造成了严重的影响。根据多个气候模式的预估结果,未来极端气候事件发生的频率和强度还会继续增强。因此,本图集的制作,可为气候变化影响评估、适应气候变化以及灾害风险评估等研究工作提供基础。

本书的编写得到了国家气候中心宋连春主任、巢清尘副主任、丁一汇院士、刘洪滨研究员、任国玉研究员,中国气象局科技与气候变化司高云副司长,中国气象科学研究院翟盘茂研究员的指导和帮助,在此一并表示感谢。

特别感谢丁一汇院士在百忙中审阅全书,并作序。

鉴于目前人类对于地球系统认知的局限性,气候模式的发展还不完善,对于未来极端气候变化的预估还存在较大的不确定性和复杂性,相关的研究还需进一步深入,不足之处在所难免,恳请广大读者批评指正,以便在后续工作中加以改进。

本图集由徐影研究员主持编写,参加编写和绘图的工作人员有周波涛、李柔珂、张冰、吴婕、董思言、陈晓晨、姚遥、石英、吴佳、许崇海、於琍、黄磊、张永香、韩振宇。

图集中使用的多个全球气候模式的数据由陈梅青女士协助下载完成,张洁和辛晓歌博士在绘图中给予了很大的帮助,在此表示诚挚的谢意。

本图集是在中国气象局气候变化专项“IPCC AR5 新排放情景下中国气候变化预估数据应用及极端气候事件预估图集编制(CCSF201339)”、中国清洁发展机制基金赠款项目“面向适应的气候灾害风险评估与管理机制研究(1213112)”和行业专项“亚洲区域气候模式发展及在气候变化和短期气候预测中的应用(201306046)”的共同资助下完成。

编者
2015 年 5 月

目　录

序言
前言
第1章　数据与方法 ·· (1)
  1.1　CMIP5 全球气候模式及排放情景 ·· (1)
    1.1.1　CMIP5 全球气候模式简介 ·· (1)
    1.1.2　温室气体排放情景 ·· (1)
  1.2　观测数据和气候模式数据 ·· (2)
    1.2.1　观测数据 ··· (2)
    1.2.2　气候模式数据 ··· (4)
  1.3　中国不同分区的定义 ··· (5)
  1.4　极端事件和极端气候指数 ·· (6)
    1.4.1　绝对阈值 ··· (6)
    1.4.2　相对阈值 ··· (7)

第2章　1986—2005 年观测和模拟的极端气候指数对比 ························ (9)
  2.1　温度相关极端气候指数 ·· (9)
  2.2　降水相关极端气候指数 ··· (27)

第3章　极端气候指数变化趋势预估 ··· (39)
  3.1　温度相关极端气候指数 ··· (39)
  3.2　降水相关极端气候指数 ··· (46)

第4章　未来中国极端气候指数空间分布特征 ······································ (52)
  4.1　温度相关极端气候指数空间变化 ·· (52)
  4.2　降水相关极端气候指数空间变化 ··· (105)

第5章　中国极端气候预估的不确定性 ·· (142)
  5.1　温度相关极端气候指数的不确定性 ··· (142)
  5.2　降水相关极端气候指数的不确定性 ··· (161)

参考文献 ··· (174)

第 1 章 数据与方法

摘 要

本章主要介绍了图集使用的全球气候模式、用于进行未来气候变化预估的温室气体排放情景的设计以及用于对比的观测数据,并对图集中涉及的 27 个极端气候指数的定义、标准和计算方法进行了介绍,将中国划分成 8 个分区,以便于分析中国各大分区的极端气候指数的变化。

1.1 CMIP5 全球气候模式及排放情景

1.1.1 CMIP5 全球气候模式简介

耦合模式比较计划第五阶段(CMIP5)汇集了全球 20 多个模式组 50 余个模式,为当前国际上这些主流的模式提供了一个比较、检验和改进的平台。鉴于模式在气候变化研究中的重要作用,CMIP5 全球气候模式也是 IPCC AR5 重点评估的对象。基于这些模式的模拟结果,AR5 预估了在不同排放情景下未来气候的可能变化,为政策制定者以及多学科领域的研究提供重要参考依据。相比耦合模式比较计划第三阶段(CMIP3),CMIP5 模式变得更加复杂,并在传统的大气—海洋耦合模式的基础上,首次引入了地球系统模式。地球系统模式加入了生物地球化学过程,实现了全球碳循环过程和动态植被过程,能模拟出气溶胶的相互作用、大气化学的变化以及随时间变化的臭氧过程等。此外,多数 CMIP5 模式的水平分辨率有所提高,垂直层数有所增加,物理过程的描述更加细致,耦合模式也不再需要通量调整。同时,模式组还提供了更多变量的输出结果(Taylor *et al.*,2012)。

1.1.2 温室气体排放情景

预估未来全球和区域的气候变化时,必须事先提供未来温室气体和硫酸盐气溶胶的排放情况,即所谓的排放情景。排放情景通常是根据一系列因子(包括人口增长、经济发展、技术进步、环境条件、全球化、公平原则等)假设而得到。对应于未来可能出现的不同社会经济发展状况,通常要制作不同的排放情景。此前 IPCC 先后发展了两套温室气体和气溶胶排放情景,即 IS92(1992 年)和 SRES(2000 年)排放情景,分别应用于 IPCC 第三次和第四次评估报告。2011 年 Climatic Change 出版专刊,详细介绍了新一代的温室气体排放情景。新一代情景称为"典型浓度路径"(Representative Concentration Pathways),主要包括四种情景:

· RCP8.5 情景假定人口最多、技术革新率不高、能源改善缓慢,所以收入增长慢。这将导致长时间高能源需求及高温室气体排放,而缺少应对气候变化的政策。2100 年辐射强迫上升至 8.5 W/m²。

· RCP6.0 情景反映了生存期长的全球温室气体和生存期短的物质的排放,以及土地利用和陆面变化,到 2100 年辐射强迫稳定在 3.0 W/m²。

· RCP4.5 情景下,2100 年辐射强迫稳定在 4.5 W/m²。

· RCP2.6 情景则是把全球平均温度上升限制在 2.0℃之内,其中 21 世纪后半叶能源应用为负排放。辐射强迫在 2100 年之前达到峰值,到 2100 年下降至 2.6 W/m²(图 1.1)。

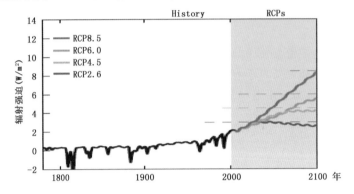

图 1.1　典型浓度路径(RCP)下辐射强迫的时间变化(来源:IPCC AR5)

1.2　观测数据和气候模式数据

1.2.1　观测数据

随着计算机技术的发展,气候模式的分辨率在逐渐提高,以更好地模拟和再现当代气候及预估未来气候的变化(Chrisenton et al.,2007),其中区域气候模式在中国气候变化模拟中所使用的分辨率,已达到 20~25 km(石英和高学杰,2008;Gao et al.,2008,2012)。在气候变化问题上,大家对极端事件也越来越关注,使得发展高分辨率的格点化观测数据的必要性逐渐增加。

目前使用的中国范围高分辨率的格点化观测数据主要包括:Xie et al.(2007)发展的 0.5°×0.5°的逐日降水资料 EA05,Xu et al.(2009)发展的 0.5°×0.5°逐日气温观测资料 CN05,Yatagai et al.(2009)发展的 0.25°×0.25°逐日降水资料 APHRO,以及沈艳等(2010)和 Chen et al.(2010)发展的逐日降水数据等。这些数据在高分辨模式的模拟检验中,得到了广泛的应用(Xu et al.,2009;Gao et al.,2008,2012;高学杰等,2010;Yu et al.,2011;Ju and Lang,2011;Wang and Zeng,2011;Feng et al.,2011)。但它们普遍存在一些问题,如在中国范围内,数据基本都是使用中国气象局所属的 700 余个台站(国家基准气候站和基本气象站)观测资料进行的,观测站点相对较少(其中 EA05 额外使用了黄河流域约 1000 个水文站点的资料)。

针对上述问题,基于中国气象局所属的 2400 余个台站的观测资料(包括上述基准站、基本站和国家一般气象站),使用和 CN05 同样的方法,制作了一套分辨率为 0.25°×0.25°的格点化观测数据集 CN05.1(吴佳和高学杰，2013)，以满足现阶段高分辨率气候模式检验的需要。数据集目前共包括日平均和最高、最低气温以及降水、相对湿度、风速、蒸发 7 个变量，时段为 1961—2012 年。

CN05.1 数据集采用"距平逼近"方法(anomaly approach)(New et al.，2000)，即首先进行气候场的插值，随后进行距平场的插值，最后将两者叠加，得到所需结果。之所以首先进行气候场的插值，是因为一般气候要素，特别是降水等在空间分布上具有较大的不连续性，而气候场则相对连续性较好，对气候场首先进行插值，有利于在一定程度上减少由于这种不连续性带来的分析误差，从而提高插值的准确率。

CN05 气温资料(Xu et al.，2009)是参照 CRU 资料(New et al.，1999，2000)的插值方法制作的，使用了薄板样条方法，通过 ANUSPLIN 软件(Hutchinson，1995，1999)，以经度和纬度作为薄板样条函数自变量，以海拔高度作为协变量对气候场(站点数据 1971—2000 年 365 天的日平均)进行插值。对于距平场(站点数据 1961—2005 年相对 1971—2000 年的日距平)，则采用的是"角距权重法"(ADW，Angular Distance Weighting)(Shepard，1984；New et al.，2000)，格点上的数值以站点数值在考虑其距格点的角度和距离的权重后得到。New et al.(2002)曾对比了各种插值方法的结果，表明这两种插值方法得到的最终格点场效果较好。

在 CN05.1 的制作中，沿用 CN05 的做法(Xu et al.，2009)，但引入了更多的观测台站资料，此外，除日平均及最高、最低气温外，还增加了其他 4 个变量，得到的最终格点数据的分辨率为 $0.25° \times 0.25°$。观测台站分布情况参见图 1.2，其中的填色部分为插值中所使用的地形高度分布，圆点为 CN05 所使用的 751 站观测资料(国家基准气候站和基本气象站)，十字标记

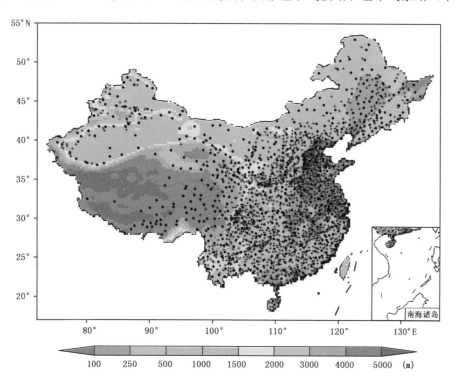

图 1.2 插值所用的 2416 个站点分布和地形高度图

(图中的圆点标记为国家基准气候站和基本气象站，十字为国家一般站)

为新增加的站点(国家一般气象站),两者合计共为 2416 个。这套数据已经过基础的质量控制,包括删除与气候态或周边站点值差别过大的数据等。由图 1.2 可以看到,总体来说,中国的气象观测站点偏于东部经济发达地区及平原地带,密度最大可以达到几至十几千米一个站,而在西部相对则较少,其中在青藏高原北部至昆仑山北麓,及新疆的塔克拉玛干沙漠腹地等,则基本没有观测站点的分布,这也决定了这些地区插值所得数据具有相对较大的不确定性。

本图集中使用到的观测数据就是上述的 CN05.1 格点数据。由于受资料的限制,数据集不包括香港、澳门特别行政区及台湾地区。

1.2.2 气候模式数据

CMIP5 模式主要做了两类数值试验,分别为长期(百年时间尺度)数值模拟和年代际预测试验。本图集使用了 32 个 CMIP5 模式的长期数值模拟试验,其中包括历史模拟试验和 21 世纪预估试验。

历史试验是对过去 1850—2005 年地球系统气候变化的模拟,其外强迫包括人类活动(温室气体、土地利用和气溶胶)和自然影响(太阳和火山活动)。

21 世纪预估试验(2006—2100 年)是以 RCP 情景为强迫,进行的不同温室气体排放情景下的气候变化模拟预估。由于计算机条件和时间限制,多数模式未能开展 RCP6.0 情景下的预估试验,故本图集未对该情景下的模拟结果进行分析,只给出 RCP2.6、RCP4.5、RCP8.5 三种排放情景下的预估结果。

本图集使用的 32 个 CMIP5 全球气候模式的基本信息如表 1.1 所示,其中包括 5 个中国模式,分别是 BCC-CSM1.1、BCC-CSM1.1(m)、BNU-ESM、FGOALS-g2、FGOALS-s2。关于模式的更多细节可参阅 http://cmip-pcmdi.llnl.gov/cmip5/。

表 1.1　32 个 CMIP5 全球气候模式基本信息

模式名称	单位名称及所属国家	分辨率(lon×lat)
ACCESS 1.0	CSIRO-BOM,澳大利亚	192×145
ACCESS 3.0	CSIRO-BOM,澳大利亚	192×145
BCC-CSM1.1	BCC,中国	128×64
BCC-CSM1.1(m)	BCC,中国	320×160
BNU-ESM	BNU,中国	128×64
CanESM2	CCCMA,加拿大	128×64
CCSM4	NCAR,美国	288×192
CESM1-BGC	NSF-DOE-NCAR,美国	288×192
CMCC-CM	CMCC,意大利	480×240
CNRM-CM5	CERFACS,法国	256×128
CSIRO-Mk3-6-0	CSIRO-QCCCE,澳大利亚	192×96
FGOALS-g2	LASG-CESS,中国	128×60
FGOALS-s2	LASG-IAP,中国	128×108
GFDL-CM3	NOAA GFDL,美国	144×90
GFDL-ESM2G	NOAA GFDL,美国	144×90
GFDL-ESM2M	NOAA GFDL,美国	144×90
GISS-E2-R	NASA-GISS,美国	144×90
HadCM3	MOHC,英国	96×73
HadGEM2-CC	MOHC,英国	192×145

模式名称	单位名称及所属国家	分辨率(lon×lat)
HadGEM2-ES	MOHC,英国	192×145
INMCM4	UNM，俄罗斯	180×120
IPSL-CM5A-LR	IPSL，法国	96×96
IPSL-CM5A-MR	IPSL，法国	144×143
IPSL-CM5B-LR	IPSL，法国	96×96
MIROC5	MIROC，日本	256×128
MIROC-ESM	MIROC，日本	128×64
MIROC-ESM-CHEN	MIROC，日本	128×64
MIROC4h	MIROC，日本	640×320
MPI-ESM-LR	MPI-M，德国	192×96
MPI-ESM-MR	MPI-M，德国	192×96
MRI-CGCM3	MRI，日本	320×160
NorESM1-M	NCC，挪威	144×96

1.3   中国不同分区的定义

由于气候变化对不同区域的影响有所不同,本图集在进行中国不同分区的分析时,参考第二次气候变化国家评估报告(2011),将中国分为华北(NC)、东北(NEC)、华东(EC)、华中(CC)、华南(SC)、西南(SWC2)、西北(NWC)、青藏高原(SWC1)地区共 8 个区域(图 1.3),探讨不同区域对气候变化的响应。各分区的经纬度范围参见表 1.2。

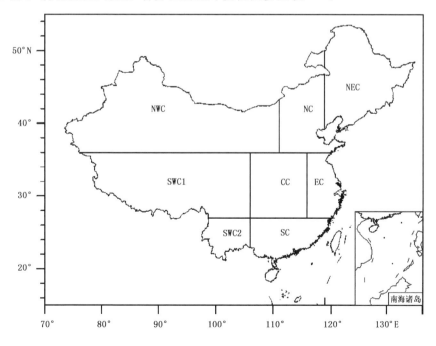

图 1.3   中国 8 个分区分布示意图

表 1.2　中国 8 个分区的经纬度范围

地区名称	文中缩写	纬度范围	经度范围
东北地区	NEC	39°~54°N	119°~134°E
华北地区	NC	36°~46°N	111°~119°E
华东地区	EC	27°~36°N	116°~122°E
华中地区	CC	27°~36°N	106°~116°E
华南地区	SC	20°~27°N	106°~120°E
青藏高原地区	SWC1	27°~36°N	77°~106°E
西南地区	SWC2	22°~27°N	98°~106°E
西北地区	NWC	36°~46°N	75°~111°E

1.4　极端事件和极端气候指数

本图集仅从温度和降水客观定义出发,讨论与温度和降水有关的极端气候事件。

在统计意义上,极端事件通常被理解为"小概率事件"。而在实际研究中,针对不同的研究对象、目标或内容,对极端事件的理解赋予了更为丰富的内涵。某些天气现象(如龙卷)的出现往往对自然系统和经济社会造成严重后果,这些天气现象也被认定为极端事件。在特定的自然环境条件下,一些并不极端的天气气候状态或事件,由于其在时间上同时或连续发生,或在空间上共同发生,也会产生不利影响,有时也被称为极端事件。由此可见,极端事件的概念可以分别从两个层面来理解,一是天气气候条件达到了极端程度,二是造成的不利后果达到了严重程度。

无论从哪个层面来理解或判定极端事件,它们都存在着一定的共性:一是与天气气候条件(状态或变化)关系密切,二是发生概率小,三是能够采用某些定量指标予以判定,四是导致不利后果的可能性高。

要从大量的天气气候记录中定量区分出极端事件,首先需要确定一个阈值,当某天气气候记录超过阈值时,就被判定为发生一次极端事件。按照不同的阈值确定方法,可以把阈值分为"绝对"和"相对"两类。

1.4.1　绝对阈值

以一个特定值为阈值判定极端事件,这个特定值被称为绝对阈值。绝对阈值一般不随空间和时间而变化。

一些绝对阈值是根据实践经验或极端事件的影响而确定的。例如,目前在中国气候业务中常把 35℃ 作为高温事件的绝对阈值,当某日最高气温达到或超过 35℃ 时,就判定为一次高温事件。又如,把 24 小时降水量 50 mm 作为暴雨事件的绝对阈值,当 24 小时降水量达到或超过 50 mm 时,就判定为一次暴雨事件。

还有一些绝对阈值是根据某物理原理或某些现象的出现而确定的。例如,0℃ 可被用作判定霜冻天气是否出现(或结束)的绝对阈值,在一些区域气候变化研究中,以低(高)于该绝对阈值的气候记录为基础计算霜冻(解冻)日数。又如,一些研究将 5℃ 作为中高纬地区生长期的临界温度,并由此定义开春日期。鉴于"开春"意味着生态系统碳循环状态发生重大变化,开春日期的早晚有时也被学术界作为一种极端事件指标进行相关研究。

绝对阈值物理意义明确,指标计算易于操作,其在国内气象部门中被广泛采用,但绝对阈值的应用具有很大的局地性。例如,2003年夏季造成欧洲几万人死亡的超级热浪,不过是日最高气温持续超过30℃,而同样的气温记录在印度可能较为常见。又如,在夏季华南地区,日降水量达到或超过50 mm的现象时有发生,而在西北干旱、半干旱区,日降水量达到或超过25 mm就可能引发局地洪涝,从而被看作是极端事件。

1.4.2 相对阈值

利用统计方法计算得到的极端事件判定阈值,被称作相对阈值。由于相对阈值是统计计算的结果,其大小依赖于具体的空间范围和时间段。在不同地区、不同时间段内,极端事件的程度也不同,为便于比较,国际学术界更多采用相对阈值作为极端事件的判定标准。

相对阈值的计算过程为:首先,确定某个具体地区,并选定一段时间作为基准期,如1961—1990年,同时以该地气候记录为基础,确定某气候指标,如月降水量,一般认为,基准期的时间长度至少为30年,而且尽量选用距离当前最近的三个连续10年;其次,以基准期内该指标的所有历史记录为基础,确定其所遵从的气候统计分布(即PDF);再次,计算上述PDF的百分位数,并指定哪些百分位数是极端事件的判定阈值,如第10个百分位数或第90个百分位数,不同的百分位数阈值可用以划分不同程度的极端事件。

相对阈值的概念往往更具普适性和可比性,也更能确切反映不同地区不同时期内的气候基准和极端状态特征。例如:发生概率相同的强降水事件,在干旱区的相对阈值可能是25 mm/d,而在湿润区可能达到80 mm/d。此外,相对阈值的概念还被广泛应用于气候变化模拟和观测比较研究,这是因为,与观测结果相比,每个气候模式模拟出的气候态都存在一定的系统性偏差,使用相对阈值更容易消除这些偏差。

值得注意的是,不同领域对极端事件往往有不同的习惯性表述方式,如在水文学研究中,更多采用"N年一遇"来描述强降水或洪涝事件的极端程度。对于采用相对阈值方法判定极端事件而言,无论使用何种表述方式,它们在统计意义上都是完全可以相互转化的。

综上所述,对于极端气候事件的检测,通常采用绝对阈值和百分位阈值的方法:(1)绝对阈值方法:设定一个阈值,当大于这一阈值则为极端值;(2)百分位阈值方法:采用某个百分位值作为极端值的阈值,超过这个阈值的值被认为是极值,并称为极端事件。

由WMO和WCRP联合协作的关于"气候变化监测、检测指标(ETCCDI,The joint CCl/CLIVAR/JCOMM Expert Team on Climate Change Detection and Indices, http://cccma. seos. uvic. ca/ETCCDI/list_27_indices. shtml)"项目所提供的极端气候指标体系的多个指数,从气候变化的强度、频率、持续性三个方面反映出温度和降水极端气候事件,这些指数被广泛应用于大尺度以及区域性极端气候研究当中(Alexander *et al.*, 2009; Zhang *et al.*, 2011),包括对极端气候的研究也多围绕对极端指数的时空分布特性和发展规律,对其在未来的变化进行预估,以及由其引发的气候灾害影响评估等方面来开展研究。

因此,本书的极端气候指数都是基于ETCCDI的定义给出,具体27个极端气候事件指数的定义见表1.3。

分析时,一些指数是相对于1986—2005年的绝对变化,一些是相对于1986—2005年的相对变化,在参考时需注意。

表 1.3　27 个极端气候指数定义(ETCCDI)

名称	英文缩写	定义	单位
日最高气温最高值	TXx	每年日最高气温的最大值	℃
日最低气温最高值	TNx	每年日最低气温的最大值	℃
日最高气温最低值	TXn	每年日最高气温的最小值	℃
日最低气温最低值	TNn	每年日最低气温的最小值	℃
冷夜指数	TN10p	每年日最低气温小于基准期内 10% 分位值的天数百分率	%
暖夜指数	TN90p	每年日最低气温大于基准期内 90% 分位值的天数百分率	%
冷昼指数	TX10p	每年日最高气温小于基准期内 10% 分位值的天数百分率	%
暖昼指数	TX90p	每年日最高气温大于基准期内 90% 分位值的天数百分率	%
温度日较差	DTR	每年日最高气温与最低气温的差的平均值	℃
生长季长度	GSL	每年第一次连续 6 d 以上日平均气温大于 5℃ 至第一次连续 6 d 日平均气温小于 5℃ 的天数	d
霜冻日数	FD	每年日最低气温小于 0℃ 的全部天数	d
冰冻日数	ID	每年日最高气温小于 0℃ 的全部天数	d
夏季日数	SU	每年日最高气温大于 25℃ 的全部天数	d
热带夜数	TR	每年日最低气温大于 20℃ 的全部天数	d
异常暖昼持续指数	WSDI	每年至少连续 6 d 最高气温大于基准期内 90% 分位值的天数	d
异常冷昼持续指数	CSDI	每年至少连续 6 d 最高气温小于基准期内 10% 分位值的天数	d
日最大降水量	RX1day	每年最大的日降水量	mm
5 日最大降水量	RX5day	每年最大的连续 5 d 降水量	mm
降水强度指数	SDII	年降水量与降水日数(Rd≥1 mm)比值	mm/d
小雨日数	R1mm	每年日降水量大于等于 1 mm 的天数	d
中雨日数	R10mm	每年日降水量大于等于 10 mm 的天数	d
大雨日数	R20mm	每年日降水量大于等于 20 mm 的天数	d
持续干期	CDD	每年最长连续无降水日数(Rd≤1 mm)	d
持续湿期	CWD	每年最长连续降水日数(Rd≥1 mm)	d
强降水量	R95p	每年大于基准期内 95% 分位点的日降水量的总和	mm
极端强降水量	R99p	每年大于基准期内 99% 分位点的日降水量的总和	mm
湿日总降水量	PRCPTOT	每年大于等于 1 mm 的日降水量的总和	mm

第 2 章 1986—2005 年观测和模拟的极端气候指数对比

摘 要

由于 CMIP5 模式的历史模拟一般只到 2005 年,故对模式结果的评估时段只到 2005 年;在分析模式对中国极端温度和降水的时空变化特征时也需较为稳定的气象数据,所以本章选取 1986—2005 年多个全球气候模式集合的结果与观测进行对比,包括温度相关极端指数和降水相关极端指数,对全球模式在区域尺度的模拟结果进行了分析。结果表明,全球气候模式对于中国温度相关极端指数的模拟能力高于对降水相关极端指数的模拟能力,对不同极端指数的空间分布特征模拟较好。

2.1 温度相关极端气候指数

图 2.1～图 2.16 为观测和多模式集合的温度相关极端气候指数的空间分布。

图 2.1 为 1986—2005 年日最高气温最高值(TXx)分布。结果表明,多模式集合的 20 年平均的 TXx 分布与观测结果基本一致,但在青藏高原、东南沿海及东北部分地区,模拟比观测偏低。

图 2.2 为 1986—2005 年日最低气温最高值(TNx)分布。结果表明,多模式集合的 20 年平均的 TNx 分布与观测结果基本一致,但西部地区较观测结果明显偏低,四川盆地及长江流域地区也偏低。

图 2.3 为 1986—2005 年日最高气温最低值(TXn)分布。结果表明,多模式集合的 20 年平均的 TXn 与观测相比,在中国大部分地区以偏低为主,部分区域偏低值达 5℃以上。

图 2.4 为 1986—2005 年日最低气温最低值(TNn)分布。结果表明,多模式集合模拟的 20 年平均的 TNn 与观测相比,总体上偏低,长江以南偏低 5℃左右,东北部分地区、新疆及西藏偏低甚至达 10℃左右。

图 2.5 为 1986—2005 年冷夜指数(TN10p)分布。结果表明,多模式集合的 20 年平均的 TN10p 与观测相比,总体上偏多,在中国东北、华北及西北偏多 1% 左右,在黄河以南偏多 1% ～2%。

图 2.6 为 1986—2005 年暖夜指数(TN90p)分布。结果表明,多模式集合的 20 年平均的 TN90p 与观测相比,总体上偏少,尤其是西部地区及东北等地最显著,偏少达 3%～5%。

图 2.7 为 1986—2005 年冷昼指数(TX10p)分布。结果表明,多模式集合的 20 年平均的 TX10p 与观测相比,在中国北方模拟结果偏多,东北、内蒙古、青海及西藏模拟值偏多 0.25%

~1.25%,在中国南方模拟结果偏少约0.25%。

图2.8为1986—2005年暖昼指数(TX90p)分布。结果表明,多模式集合的20年平均的TX90p与观测结果在中国南部基本一致,但在东北、内蒙古、新疆及西藏部分地区模拟偏少3%～5%。

图2.9为1986—2005年温度日较差(DTR)分布。结果表明,多模式集合的20年平均的DTR与观测结果基本一致,但整体上偏低,在中国长江以北地区,模拟结果比观测结果偏低0～4℃。

图2.10为1986—2005年生长季长度(GSL)分布。结果表明,多模式集合的20年平均的GSL的分布与观测结果基本一致,但数值偏低,尤其是在四川盆地和长江以南部分地区。

图2.11为1986—2005年霜冻日数(FD)分布。结果表明,多模式集合的20年平均的FD的分布与观测结果基本一致,但在内蒙古及新疆部分模拟结果偏少25 d左右,在长江流域附近模拟结果偏多25～50 d。

图2.12为1986—2005年冰冻日数(ID)分布。结果表明,多模式集合的20年平均的ID的分布与观测结果基本一致,但长江以北大部分地区模拟偏多。

图2.13为1986—2005年夏季日数(SU)分布。结果表明,多模式集合的20年平均的SU与观测结果基本一致,但总体上偏少,尤其在东北、内蒙古及新疆部分地区,模拟偏少40 d左右,东部及东南部地区也存在偏少。

图2.14为1986—2005年热带夜数(TR)分布。结果表明,多模式集合的20年平均的TR分布与观测结果基本一致,但在中国东北部分地区及内蒙古等地模拟结果偏多5～10 d,而在四川盆地以及东南大部地区模拟比观测少。

图2.15为1986—2005年异常暖昼持续指数(WSDI)分布。结果表明,多模式集合的20年平均的WSDI与观测相比,总体上偏少,尤其在中国华北大部分地区(内蒙古、宁夏、陕西及山西)偏少10～15 d,西部地区也偏少,尤其是青海地区。

图2.16为1986—2005年异常冷昼持续指数(CSDI)分布。结果表明,多模式集合的20年平均的CSDI与观测相比,明显偏多,东北、内蒙古及华北地区模拟值偏多3～4 d,长江以南地区偏多1～1.5 d,在新疆与西藏模拟值偏多3～6 d,这与全球气候模式模拟的平均气温偏低有关。

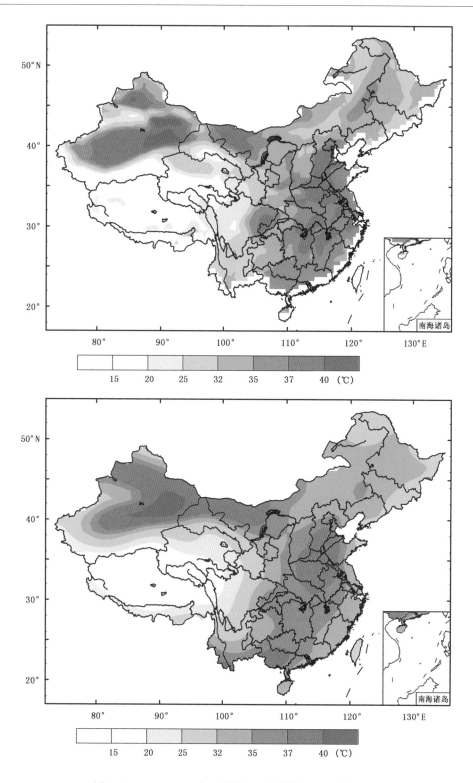

图 2.1 1986—2005 年日最高气温最高值(TXx)分布图

(上:观测;下:多模式集合)

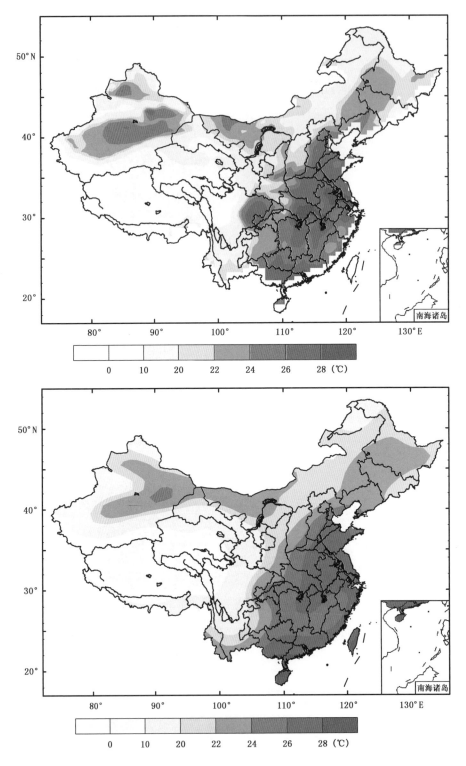

图 2.2 1986—2005 年日最低气温最高值(TNx)分布图

(上:观测;下:多模式集合)

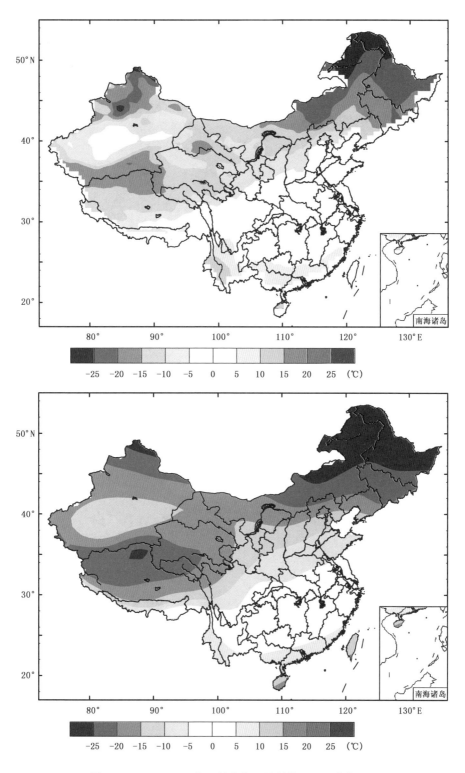

图 2.3　1986—2005 年日最高气温最低值（TXn）分布图

（上：观测；下：多模式集合）

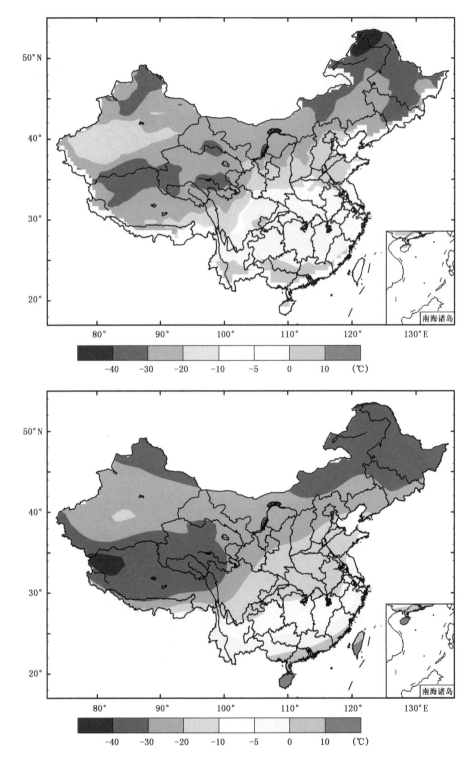

图 2.4　1986—2005 年日最低气温最低值(TNn)分布图

(上:观测;下:多模式集合)

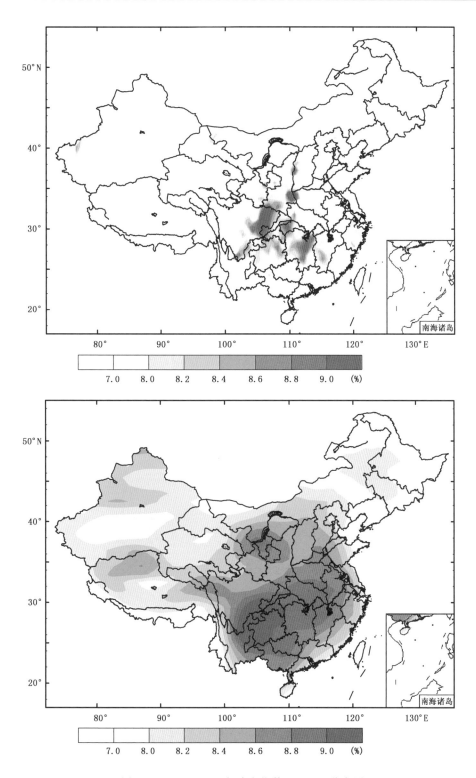

图 2.5 1986—2005 年冷夜指数(TN10p)分布图
(上:观测;下:多模式集合)

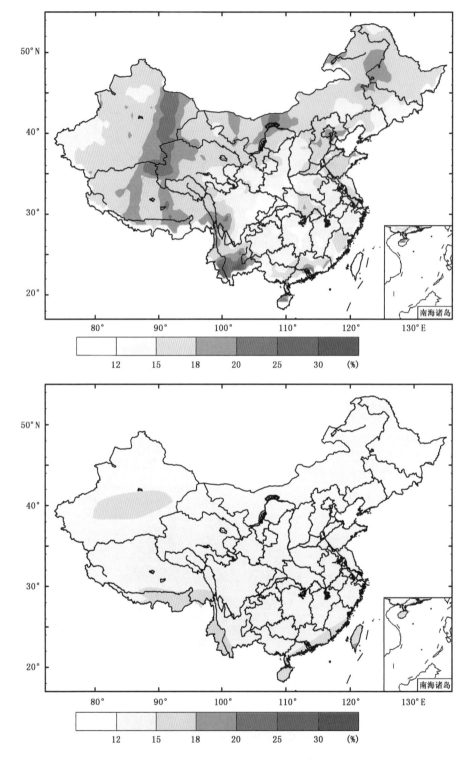

图 2.6 1986—2005 年暖夜指数（TN90p）分布图

（上：观测；下：多模式集合）

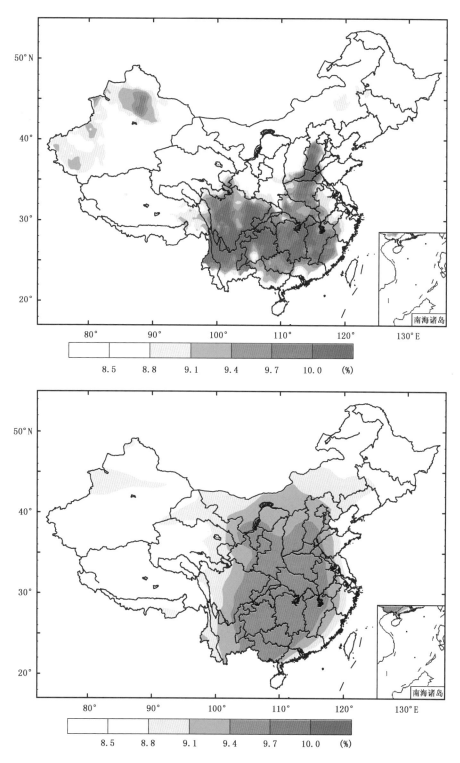

图 2.7　1986—2005 年冷昼指数（TX10p）分布图

（上：观测；下：多模式集合）

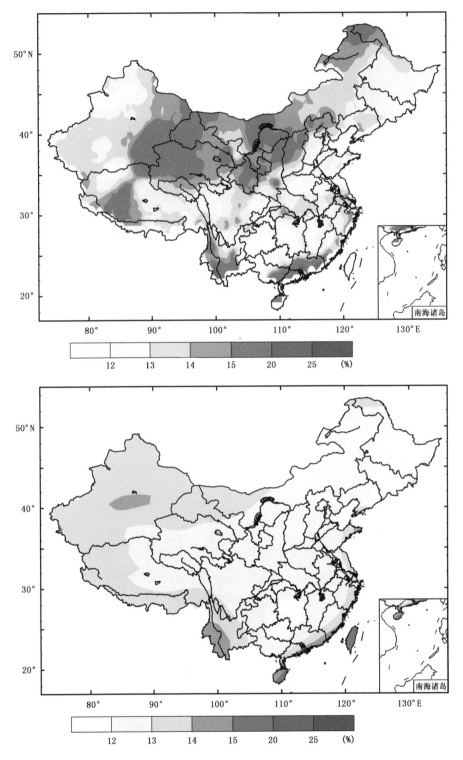

图 2.8　1986—2005 年暖昼指数(TX90p)分布图

(上:观测;下:多模式集合)

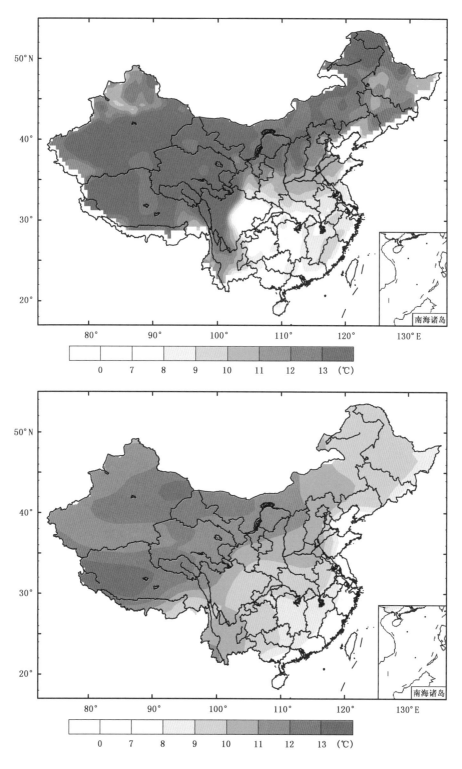

图 2.9 1986—2005 年温度日较差(DTR)分布图

(上:观测;下:多模式集合)

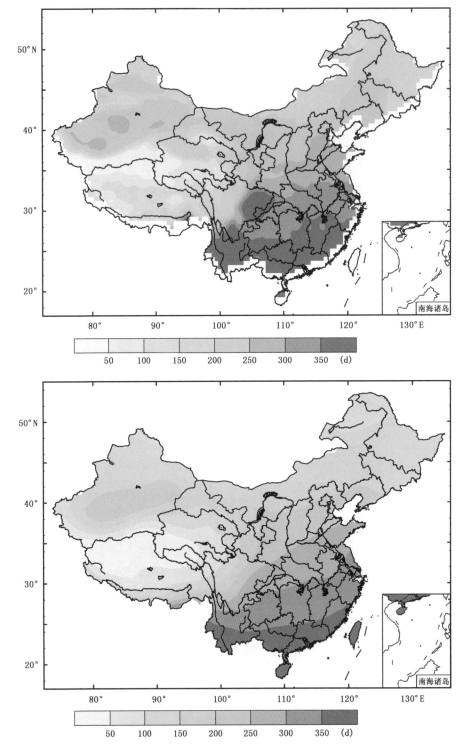

图 2.10　1986—2005 年生长季长度(GSL)分布图

(上:观测;下:多模式集合)

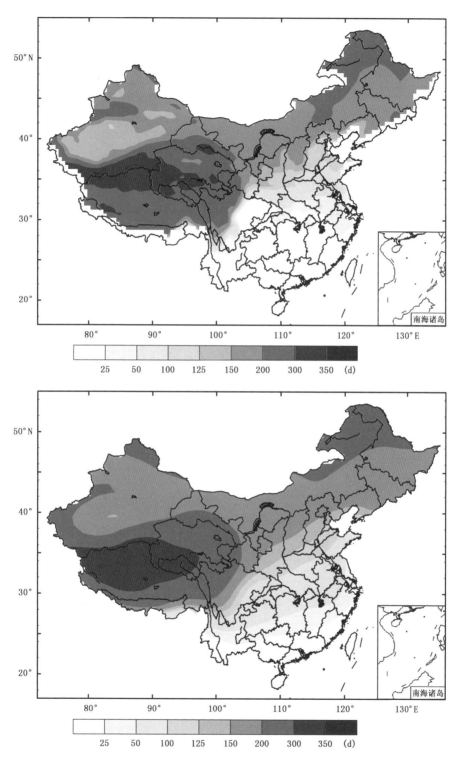

图 2.11　1986—2005 年霜冻日数(FD)分布图

（上：观测；下：多模式集合）

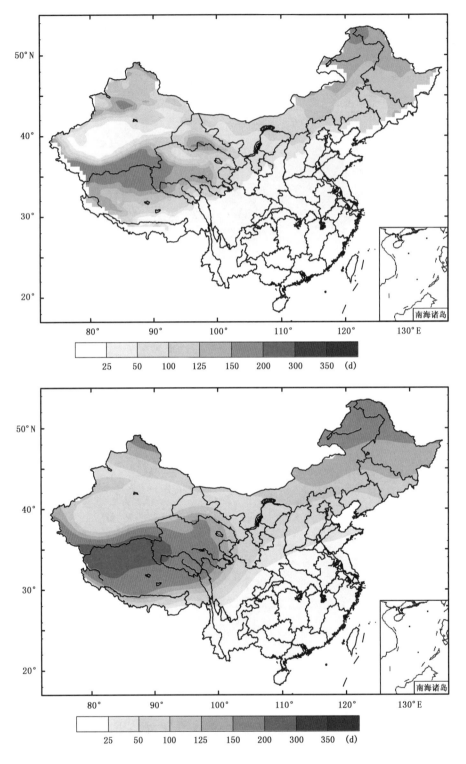

图 2.12　1986—2005 年冰冻日数(ID)分布图

(上:观测;下:多模式集合)

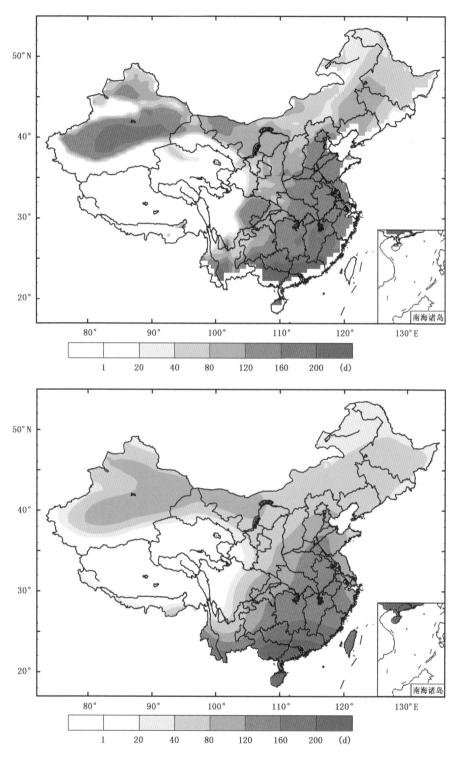

图 2.13　1986—2005 年夏季日数（SU）分布图

（上：观测；下：多模式集合）

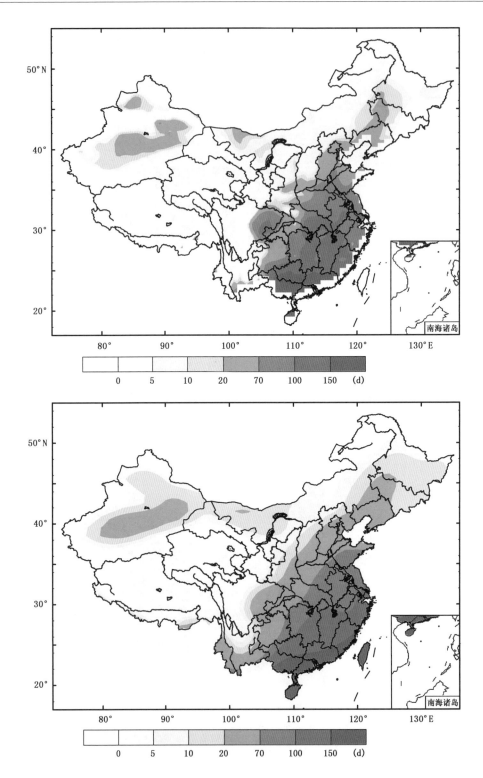

图 2.14　1986—2005 年热带夜数(TR)分布图

（上：观测；下：多模式集合）

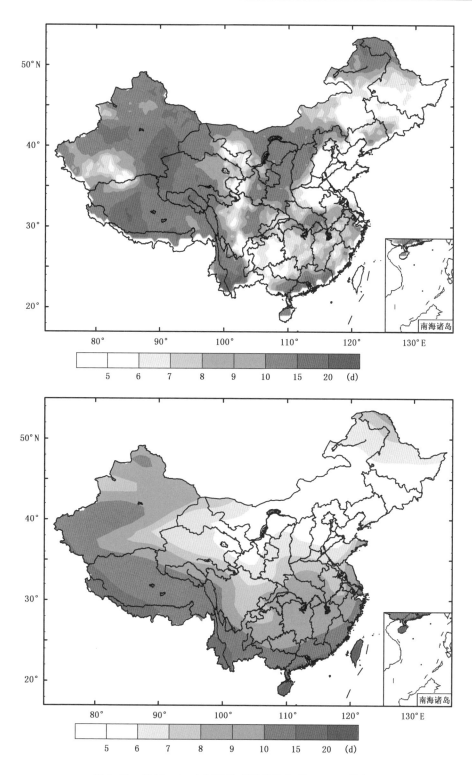

图 2.15　1986—2005 年异常暖昼持续指数(WSDI)分布图

(上:观测;下:多模式集合)

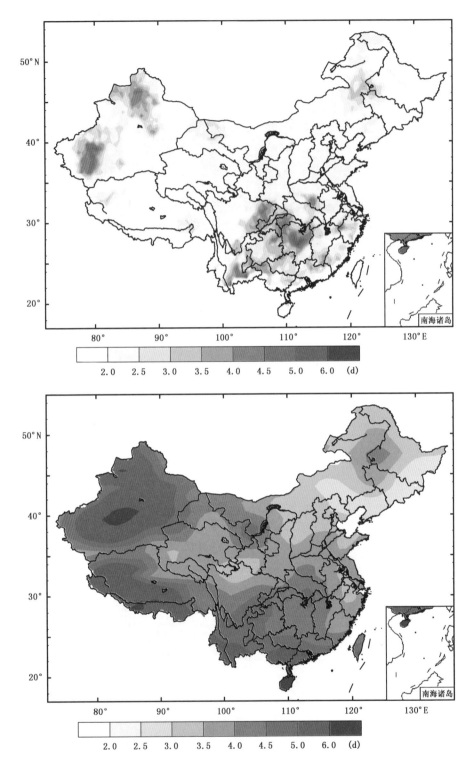

图 2.16 1986—2005 年异常冷昼持续指数（CSDI）分布图

（上：观测；下：多模式集合）

2.2　降水相关极端气候指数

图 2.17～图 2.27 为观测与多模式集合的降水相关极端气候指数的空间分布对比。

图 2.17 为 1986—2005 年日最大降水量（RX1day）分布。结果表明,多模式集合的 20 年平均的 RX1day 与观测相比,总体上明显偏少,中国东北、华北以及西部地区,模拟值偏少10～50 mm,南方地区模拟偏少 50 mm 以上。

图 2.18 为 1986—2005 年 5 日最大降水量（RX5day）分布。结果表明,多模式集合的 20 年平均的 RX5day 与观测相比,总体上明显偏少,中国东北、华北以及西部地区模拟值偏少10～50 mm,南方地区偏少 50～100 mm。

图 2.19 为 1986—2005 年降水强度指数（SDII）分布。结果表明,多模式集合的 20 年平均的 SDII 与观测相比,总体上偏弱,长江以南地区模拟值比观测偏少 15 mm/d 左右。

图 2.20 为 1986—2005 年小雨日数（R1mm）分布。结果表明,多模式集合的 20 年平均的 R1mm 的天数与观测相比,除青藏高原的虚假降水中心外,总体上模拟值偏多,尤其在中国东北与华北偏多 40 d 左右,高原上偏多 80 d。

图 2.21 为 1986—2005 年中雨日数（R10mm）分布。结果表明,多模式集合的 20 年平均的 R10mm 与观测相比,在中国华南沿海地区模拟值偏少 30 d 左右,青藏高原东部偏多 30 d以上。

图 2.22 为 1986—2005 年大雨日数（R20mm）分布。结果表明,多模式集合的 20 年平均的 R20mm 与观测结果基本一致,但华南地区模拟结果偏少 10～30 d。

图 2.23 为 1986—2005 年持续干期（CDD）分布。结果表明,多模式集合的 20 年平均的CDD 与观测结果相比,总体上偏少,在东北和内蒙古模拟值偏少 20～40 d,甘肃、新疆、青海及西藏偏少 50～80 d。

图 2.24 为 1986—2005 年持续湿期（CWD）分布。结果表明,多模式集合的 20 年平均的CWD 与观测结果相比,总体上偏多,在东北与华北模拟值偏多 2.5 d 左右,长江以南偏多2.5～5 d,青藏高原和西南地区偏多 10 d。

图 2.25 为 1986—2005 年强降水量（R95p）分布。结果表明,多模式集合的 20 年平均的R95p 与观测结果相比,在中国长江以南部分地区模拟值偏少达 150 mm 以上。

图 2.26 为 1986—2005 年极端强降水量（R99p）分布。结果表明,多模式集合的 20 年平均的 R99p 与观测结果相比,总体上偏少,在内蒙古东北部偏少 20 mm 左右,长江以南地区偏少达 100 mm 左右。

图 2.27 为 1986—2005 年湿日总降水量（PRCPTOT）分布。结果表明,多模式集合的 20 年平均的 PRCPTOT 与观测值相比,在中国新疆偏多 100～250 mm,华南沿海则偏少超过500 mm。

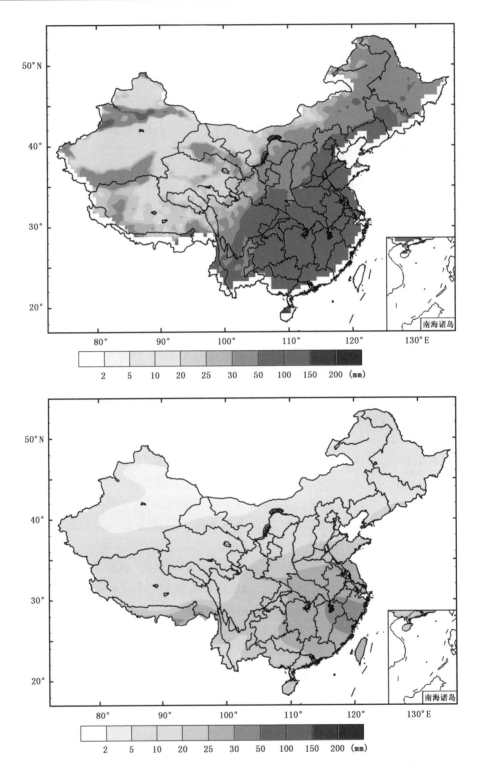

图 2.17　1986—2005 年日最大降水量（RX1day）分布图

（上：观测；下：多模式集合）

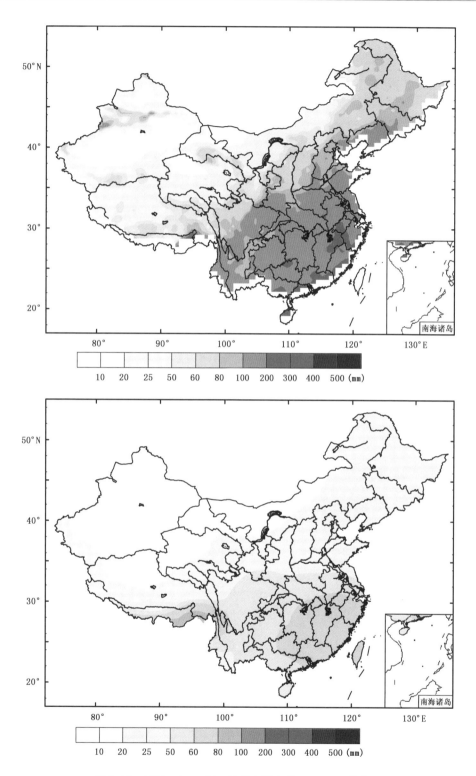

图 2.18　1986—2005 年 5 日最大降水量(RX5day)分布图

(上：观测；下：多模式集合)

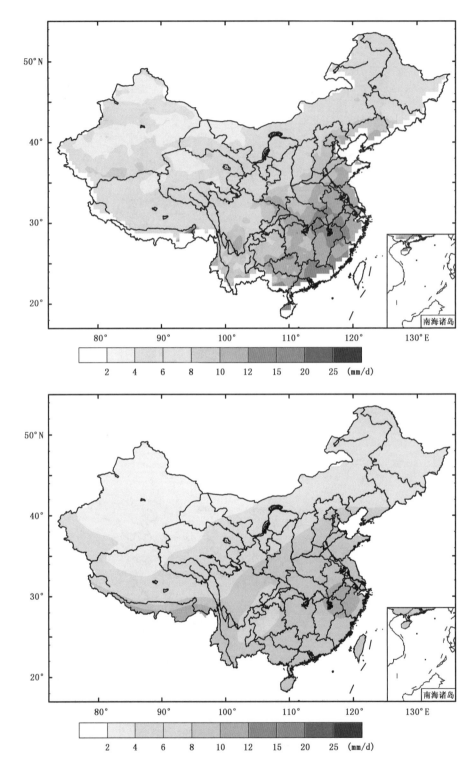

图 2.19 1986—2005 年降水强度指数(SDII)分布图

(上:观测;下:多模式集合)

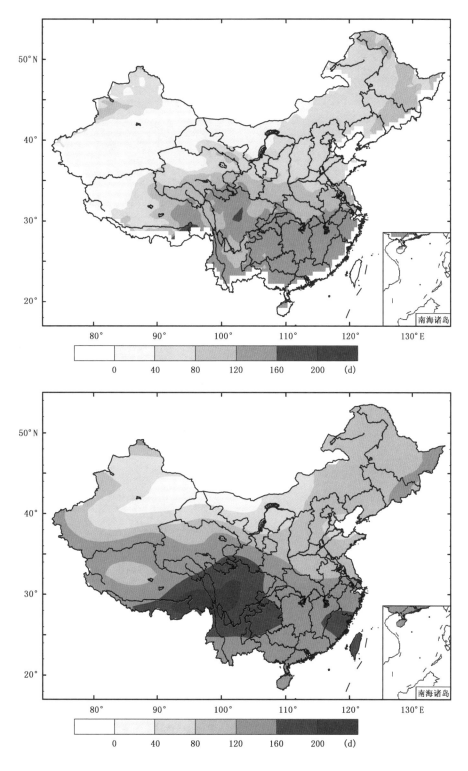

图 2.20 1986—2005 年小雨日数(R1mm)分布图

（上：观测；下：多模式集合）

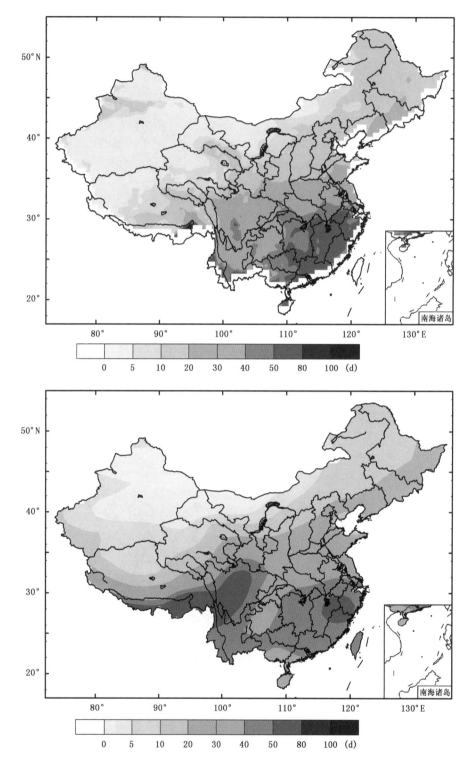

图 2.21 1986—2005 年中雨日数（R10mm）分布图

（上：观测；下：多模式集合）

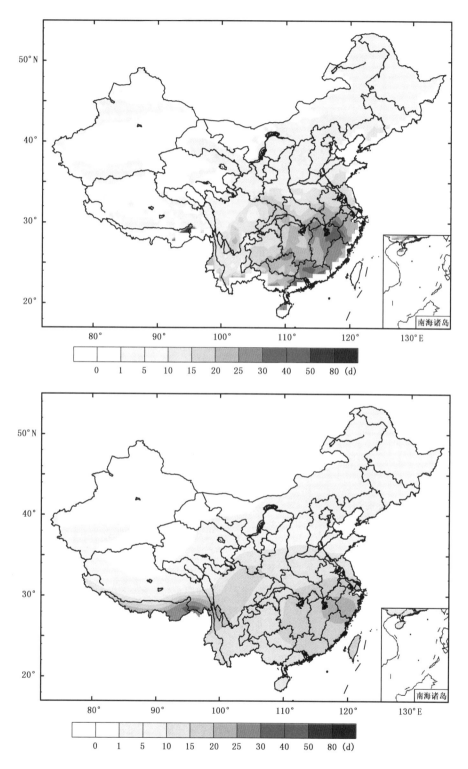

图 2.22　1986—2005 年大雨日数(R20mm)分布图

(上:观测;下:多模式集合)

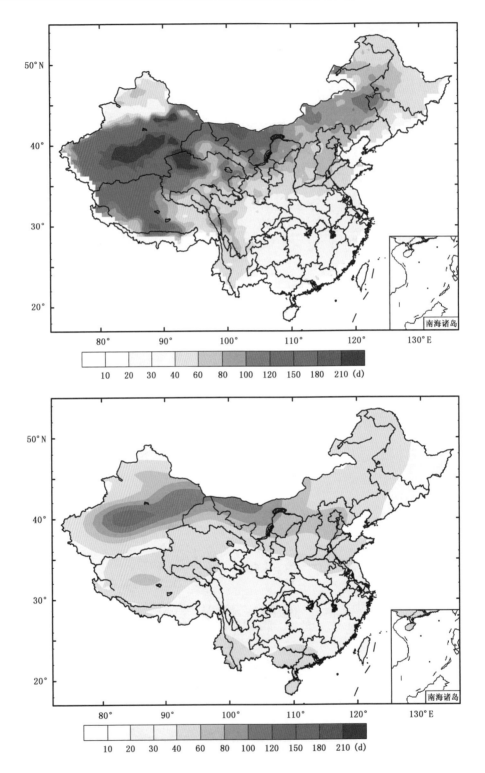

图 2.23 1986—2005 年持续干期(CDD)分布图

(上:观测;下:多模式集合)

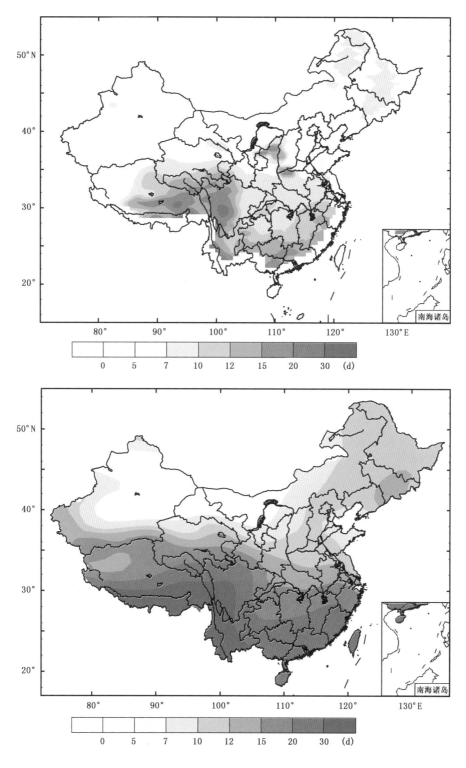

图 2.24 1986—2005 年持续湿期(CWD)分布图

（上：观测；下：多模式集合）

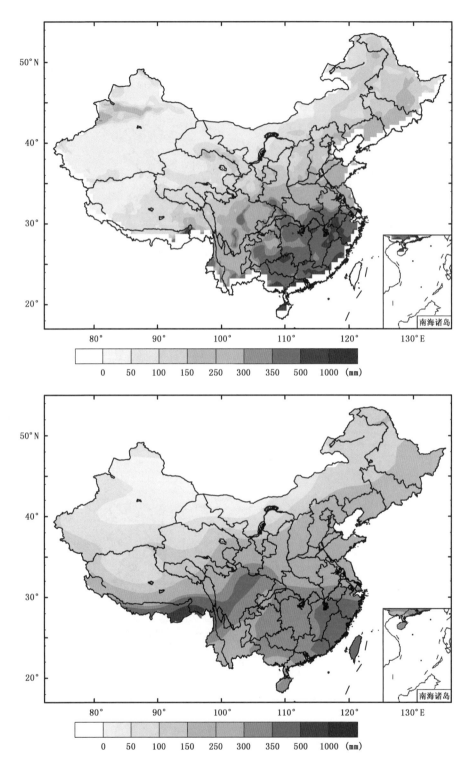

图 2.25　1986—2005 年强降水量(R95p)分布图

(上:观测;下:多模式集合)

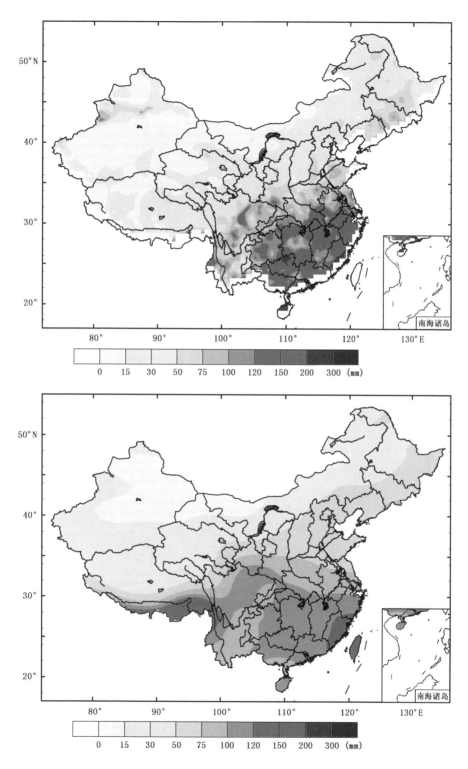

图 2.26 1986—2005 年极端强降水量(R99p)分布图

(上:观测;下:多模式集合)

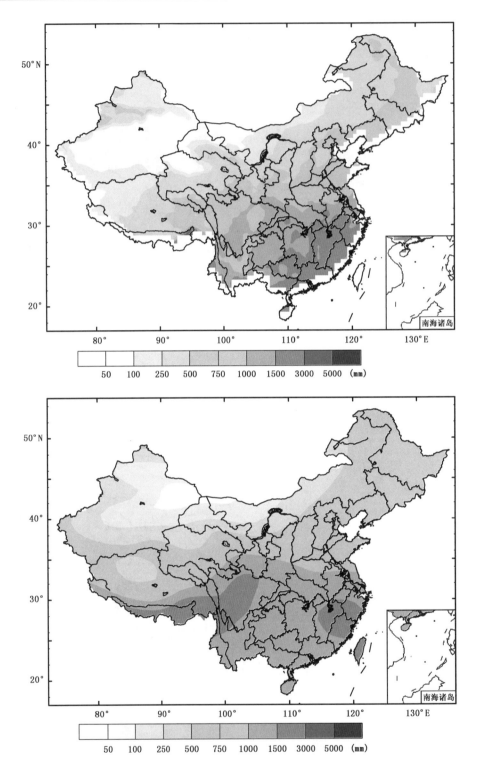

图 2.27　1986—2005 年湿日总降水量（PRCPTOT）分布图

（上：观测；下：多模式集合）

第3章 极端气候指数变化趋势预估

摘 要

本章给出不同 RCP 温室气体排放情景下,多模式集合预估的中国区域平均 21 世纪极端气候指数的时间序列变化趋势,并进行简单的分析。

3.1 温度相关极端气候指数

图 3.1～图 3.16 为三种不同温室气体排放情景下,多模式集合预估的 21 世纪温度相关极端气候指数随时间变化(相对 1986—2005 年)。

图 3.1 是日最高气温最高值(TXx)距平随时间变化。结果表明,TXx 在三种不同排放情景下均有明显的上升趋势,在 2025 年之前,三种排放情景下的增幅较为一致,将上升 1℃ 左右,到 21 世纪末,RCP8.5 情景下 TXx 增幅最大,为 5.8±1℃,RCP4.5 情景下增幅为 2.6±0.5℃,RCP2.6 情景下增幅最小,为 1.5±0.5℃。

图 3.2 是日最低气温最高值(TNx)距平随时间变化。结果表明,TNx 在三种不同排放情景下均有明显的上升趋势,在 2025 年之前,三种排放情景下的增幅较为一致,将上升 1℃ 左右,到 21 世纪末,RCP8.5 情景下 TNx 增幅最大,为 5.4±0.6℃,RCP4.5 情景下增幅为 2.4±0.5℃,RCP2.6 情景下增幅最小,为 1.4±0.5℃。

图 3.3 是日最高气温最低值(TXn)距平随时间变化。结果表明,TXn 在三种不同排放情景下均有明显的上升趋势,在 2050 年之前,RCP4.5 和 RCP2.6 两种情景下的增幅较为一致,将上升 1.5℃ 左右,到 21 世纪末期,RCP8.5 情景下 TXn 增幅最大,为 5.5±1℃,RCP4.5 情景下增幅为 2.4±0.9℃,RCP2.6 情景下增幅最小,为 1.3±0.8℃。

图 3.4 是日最低气温最低值(TNn)距平随时间变化。结果表明,TNn 在三种不同排放情景下均有明显的上升趋势,在 2050 年之前,RCP4.5 和 RCP2.6 两种情景下的增幅较为一致,将增加 2℃ 左右,到 21 世纪末期,RCP8.5 情景下 TNn 增幅最大,为 6.2±0.9℃,RCP4.5 情景下增幅为 2.8±0.9℃,RCP2.6 情景下增幅最小,为 1.4±0.7℃。

图 3.5 是冷夜指数(TN10p)距平随时间变化。结果表明,TN10p 在三种不同排放情景下均有明显的下降趋势,在 2025 年之前,三种排放情景下的减幅较为一致,将减少 4% 左右,到 21 世纪末,RCP8.5 情景下 TN10p 减幅最大,为 8%±0.1%,RCP4.5 情景下减幅为 6.4%±0.6%,RCP2.6 情景下减幅最小,为 4%±1%。

图 3.6 是暖夜指数(TN90p)距平随时间变化。结果表明,TN90p 在三种不同排放情景下均有明显的上升趋势,在 2025 年之前,三种排放情景下的增幅较为一致,将增加 10% 左右,到

21世纪末,RCP8.5情景下TN90p增幅最大,为55%±7%,RCP4.5情景下增幅为26%±7%,RCP2.6情景下增幅最小,为15%±5%。

图3.7是冷昼指数(TX10p)距平随时间变化。结果表明,TX10p在三种不同排放情景下均有明显的下降趋势,在2035年之前,三种排放情景下的减幅较为一致,将减少3.8%左右,到21世纪末,RCP8.5情景下TX10p减幅最大,为8%±0.1%,RCP4.5情景下减幅为6%±0.8%,RCP2.6情景下减幅最小,为4%±1%。

图3.8是暖昼指数(TX90p)距平随时间变化。结果表明,TX90p在三种不同排放情景下均有明显的上升趋势,在2025年之前,三种排放情景下的增幅较为一致,将增加5%左右,到21世纪末,RCP8.5情景下TX90p增幅最大,为45%±10%,RCP4.5情景下增幅为21%±6%,RCP2.6情景下增幅最小,为10%±3%。

图3.9是温度日较差(DTR)距平随时间变化。结果表明,DTR在三种不同排放情景下均没有明显的变化,到21世纪末,RCP8.5情景下DTR有略微下降趋势,下降幅度为0.1℃左右。

图3.10是生长季长度(GSL)距平随时间变化。结果表明,GSL在三种不同排放情景下均有明显的增加趋势,在2035年之前,三种排放情景下的增幅较为一致,将增加13 d左右,到21世纪末,RCP8.5情景下GSL增幅最大,为48±5 d,RCP4.5情景下增幅为20±7 d,RCP2.6情景下增幅最小,为14±4 d。

图3.11是霜冻日数(FD)距平随时间变化。结果表明,FD在三种不同排排放情景下均有明显的减少趋势,在2035年之前,三种排放情景下的减幅较为一致,将减少10 d左右,到21世纪末,RCP8.5情景下FD减幅最大,为48±5 d,RCP4.5情景下减幅为22±4 d,RCP2.6情景下减幅最小,为13±3 d。

图3.12是冰冻日数(ID)距平随时间变化。结果表明,ID在三种不同排放情景下均有明显的减少趋势,在2025年之前,三种排放情景下的减幅较为一致,将减少8 d左右,到21世纪末,RCP8.5情景下ID减幅最大,为37±7 d,RCP4.5情景下减幅为19±4 d,RCP2.6情景下减幅最小,为9±3 d。

图3.13是夏季日数(SU)距平随时间变化。结果表明,SU在三种不同排放情景下均有明显的增加趋势,在2030年之前,三种排放情景下的增幅较为一致,将增加10 d左右,到21世纪末,RCP8.5情景下SU增幅最大,为45±5 d,RCP4.5情景下增幅为20±5 d,RCP2.6情景下增幅最小,为12±3 d。

图3.14是热带夜数(TR)距平随时间变化。结果表明,TR在三种不同排放情景下均有明显的上升趋势,在2035年之前,三种排放情景下的增幅较为一致,将增加8 d左右,到21世纪末,RCP8.5情景下TR增幅最大,为37±7 d,RCP4.5情景下增幅为16±4 d,RCP2.6情景下增幅最小,为9±4 d。

图3.15是异常暖昼持续指数(WSDI)距平随时间变化。结果表明,WSDI在三种不同排放情景下均有明显的上升趋势,在2030年之前,三种排放情景下的增幅较为一致,将增加10 d左右,到21世纪末,RCP8.5情景下WSDI增幅最大,为140±40 d,RCP4.5情景下增幅为45±15 d,RCP2.6情景下增幅最小,为20±10 d。

图3.16是异常冷昼持续指数(CSDI)距平随时间变化。结果表明,CSDI在三种不同排放情景下均有明显的减少趋势,到21世纪末,RCP8.5和RCP4.5两种情景下减幅基本一致,为3~5 d,RCP2.6减幅较小,为1~3 d。

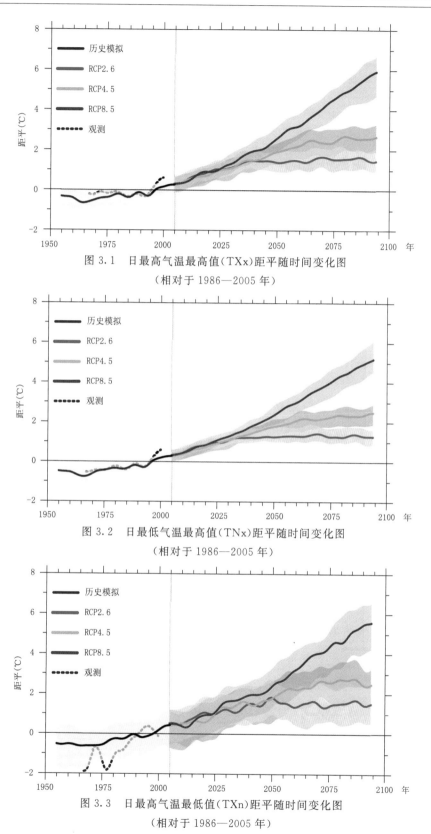

图 3.1　日最高气温最高值（TXx）距平随时间变化图
（相对于 1986—2005 年）

图 3.2　日最低气温最高值（TNx）距平随时间变化图
（相对于 1986—2005 年）

图 3.3　日最高气温最低值（TXn）距平随时间变化图
（相对于 1986—2005 年）

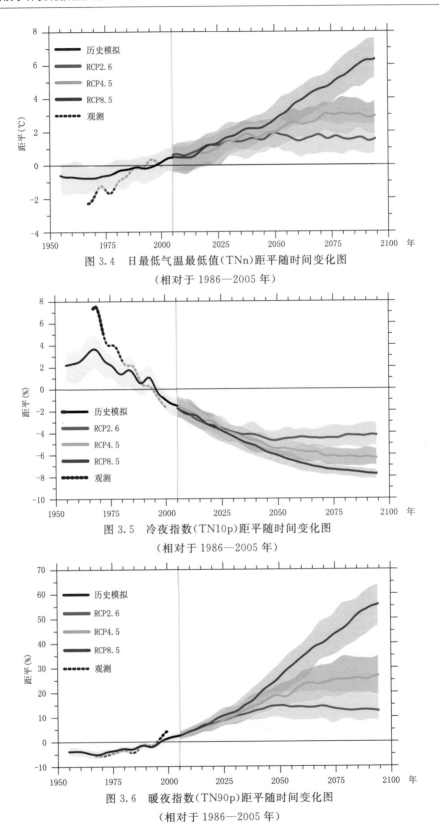

图 3.4 日最低气温最低值(TNn)距平随时间变化图

(相对于 1986—2005 年)

图 3.5 冷夜指数(TN10p)距平随时间变化图

(相对于 1986—2005 年)

图 3.6 暖夜指数(TN90p)距平随时间变化图

(相对于 1986—2005 年)

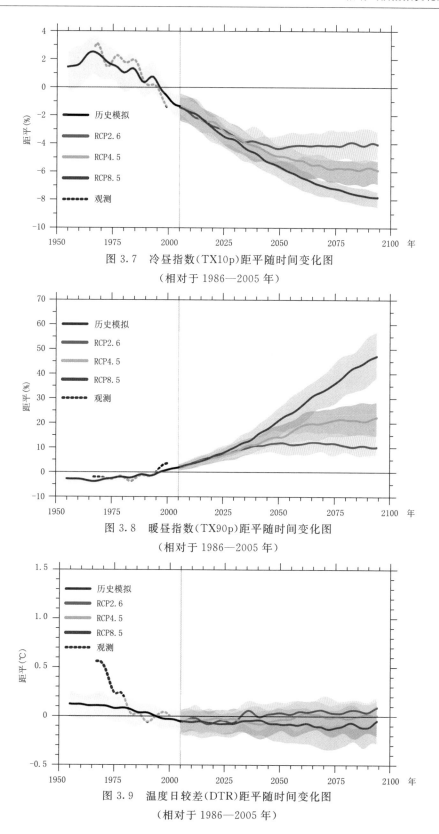

图 3.7 冷昼指数（TX10p）距平随时间变化图
（相对于 1986—2005 年）

图 3.8 暖昼指数（TX90p）距平随时间变化图
（相对于 1986—2005 年）

图 3.9 温度日较差（DTR）距平随时间变化图
（相对于 1986—2005 年）

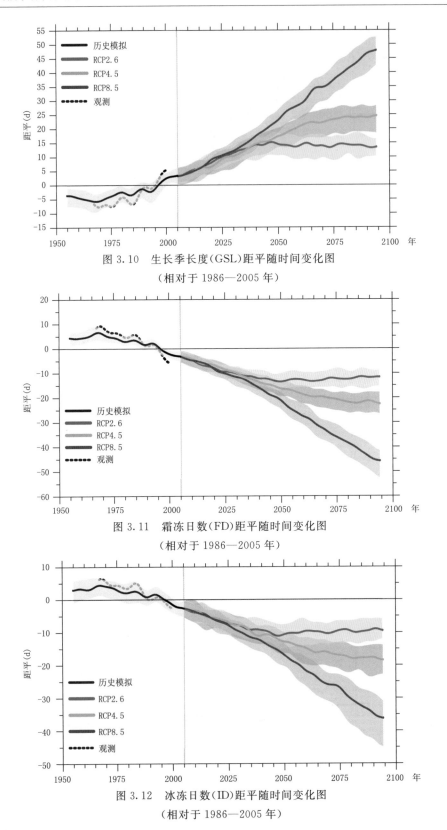

图 3.10　生长季长度(GSL)距平随时间变化图

(相对于 1986—2005 年)

图 3.11　霜冻日数(FD)距平随时间变化图

(相对于 1986—2005 年)

图 3.12　冰冻日数(ID)距平随时间变化图

(相对于 1986—2005 年)

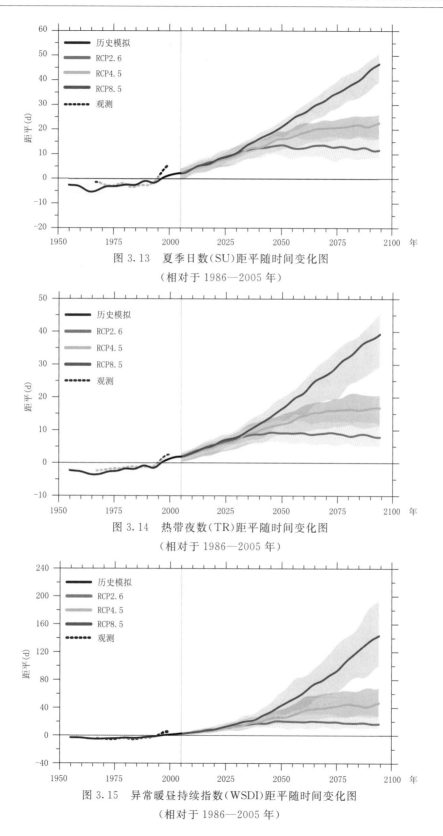

图 3.13　夏季日数(SU)距平随时间变化图

（相对于 1986—2005 年）

图 3.14　热带夜数(TR)距平随时间变化图

（相对于 1986—2005 年）

图 3.15　异常暖昼持续指数(WSDI)距平随时间变化图

（相对于 1986—2005 年）

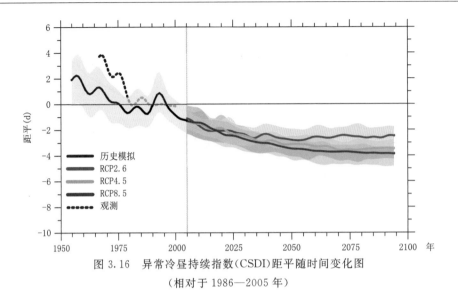

图 3.16 异常冷昼持续指数(CSDI)距平随时间变化图

(相对于 1986—2005 年)

3.2 降水相关极端气候指数

图 3.17～图 3.27 为三种不同排放情景下,多模式集合预估的 21 世纪降水相关极端气候指数随时间变化(相对 1986—2005 年)。

图 3.17 是日最大降水量(RX1day)距平百分比随时间变化。结果表明,RX1day 在三种不同排放情景下均有明显的增加趋势,在 2035 年之前,三种情景下的增幅较为一致,将增加 6% 左右,到 21 世纪末,RCP8.5 情景下 RX1day 增幅最大,为 20%±8%,RCP4.5 情景下增幅为 13%±5%,RCP2.6 情景下增幅最小,为 4%±2%。

图 3.18 是 5 日最大降水量(RX5day)距平百分比随时间变化。结果表明,RX5day 在三种不同排放情景下均有明显的增加趋势,在 2035 年之前,三种情景下的增幅较为一致,将增加 5% 左右,到 21 世纪末,RCP8.5 情景下 RX5day 增幅最大,为 23%±7%,RCP4.5 情景下增幅为 11%±5%,RCP2.6 情景下增幅最小,为 6%±4%。

图 3.19 是降水强度指数(SDII)距平百分比随时间变化。结果表明,SDII 在三种不同排放情景下均有明显的增加趋势,在 2035 年之前,三种情景下的增幅较为一致,将增加 3% 左右,到 21 世纪末,RCP8.5 情景下 SDII 增幅最大,为 15%±3%,RCP4.5 情景下增幅为 7.5%±2.5%,RCP2.6 情景下增幅最小,为 4%±2%。

图 3.20 是小雨日数(R1mm)距平随时间变化。结果表明,R1mm 在三种不同排放情景下均有明显的增加趋势,到 21 世纪末,三种不同情景下的增幅较为一致,增加 2～3 d。

图 3.21 是中雨日数(R10mm)距平随时间变化。结果表明,R10mm 在三种不同排放情景下均有明显的增加趋势,在 2035 年之前,三种情景下的增幅较为一致,将增加 1.5 d 左右,到 21 世纪末,RCP8.5 情景下 R10mm 增幅最大,为 2～5 d,RCP4.5 情景下增幅为 1～4 d,RCP2.6 情景下增幅最小,为 0.5～2.5 d。

图 3.22 是大雨日数(R20mm)距平随时间变化。结果表明,R20mm 在三种不同排放情景下均有明显的增加趋势,在 2035 年之前,三种情景下的增幅较为一致,将增加 0.3 d 左右,到

21 世纪末,RCP8.5 情景下 R20mm 增幅最大,为 1～3 d,RCP4.5 情景下增幅为 0.5～2 d,RCP2.6 情景下增幅最小,为 0～1 d。

图 3.23 是持续干期(CDD)距平随时间变化。结果表明,CDD 在三种不同排放情景下均有明显的减少趋势,到 21 世纪末,三种不同情景下的减幅较为一致,减少为 4～6 d。

图 3.24 是持续湿期(CWD)距平随时间变化。结果表明,CWD 在三种不同排放情景下的变化趋势不明显。

图 3.25 是强降水量(R95p)距平随时间变化。结果表明,R95p 在三种不同排放情景下均有明显的增加趋势,在 2035 年之前,三种情景下的增幅较为一致,将增加 20 mm 左右,到 21 世纪末,RCP8.5 情景下 R95p 增幅最大,为 105±30 mm,RCP4.5 情景下增幅为 45±15 mm,RCP2.6 情景下增幅最小,为 25±15 mm。

图 3.26 是极端强降水量(R99p)距平随时间变化。结果表明,R99p 在三种不同排放情景下均有明显的增加趋势,在 2035 年之前,三种情景下的增幅较为一致,将增加 15 mm 左右,到 21 世纪末,RCP8.5 情景下 R99p 增幅最大,为 30±120 mm,RCP4.5 情景下增幅为 45±15 mm,RCP2.6 情景下增幅最小,为 15±5 mm。

图 3.27 是湿日总降水量(PRCPTOT)距平百分比随时间变化。结果表明,PRCPTOT 在三种不同排放情景下均有明显的增加趋势,在 2035 年之前,三种情景下的增幅较为一致,与 1986—2005 年相比,将增加 5％左右,到 21 世纪末,RCP8.5 情景下 PRCPTOT 增幅最大,为 14％±6％,RCP4.5 情景下增幅为 8％±5％,RCP2.6 情景下增幅最小,为 5％±3％。

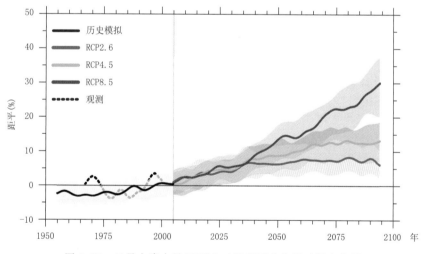

图 3.17　日最大降水量(RX1day)距平百分比随时间变化图
(相对于 1986—2005 年)

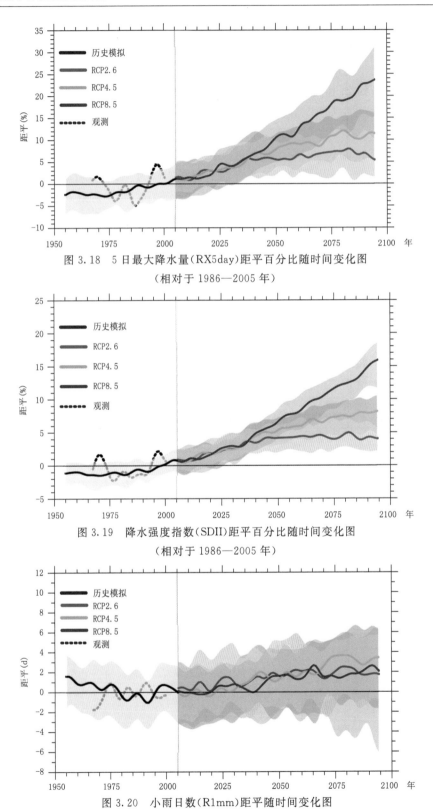

图 3.18　5 日最大降水量（RX5day）距平百分比随时间变化图

（相对于 1986—2005 年）

图 3.19　降水强度指数（SDII）距平百分比随时间变化图

（相对于 1986—2005 年）

图 3.20　小雨日数（R1mm）距平随时间变化图

（相对于 1986—2005 年）

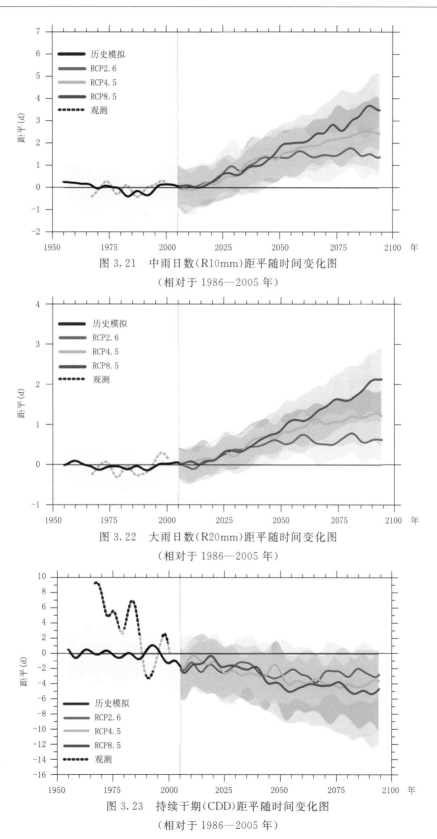

图 3.21 中雨日数(R10mm)距平随时间变化图
（相对于 1986—2005 年）

图 3.22 大雨日数(R20mm)距平随时间变化图
（相对于 1986—2005 年）

图 3.23 持续干期(CDD)距平随时间变化图
（相对于 1986—2005 年）

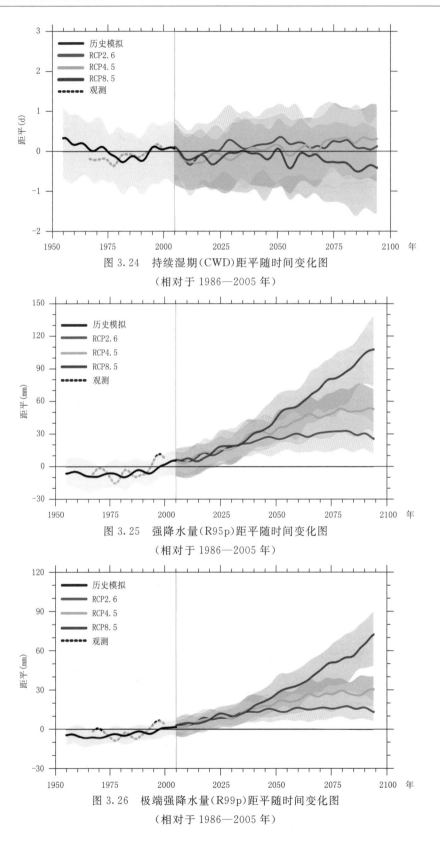

图 3.24　持续湿期(CWD)距平随时间变化图

(相对于 1986—2005 年)

图 3.25　强降水量(R95p)距平随时间变化图

(相对于 1986—2005 年)

图 3.26　极端强降水量(R99p)距平随时间变化图

(相对于 1986—2005 年)

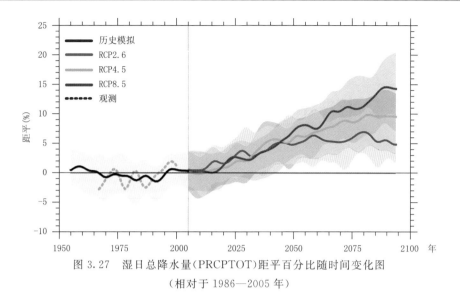

图 3.27　湿日总降水量(PRCPTOT)距平百分比随时间变化图

(相对于 1986—2005 年)

第4章 未来中国极端气候指数空间分布特征

摘　要

　　本章给出了多个全球模式模拟的温度和降水相关极端气候指数在 21 世纪的近期(2016—2035 年)、中期(2046—2065 年)和后期(2080—2099 年)相对于 1986—2005 年的空间分布特征变化。

4.1　温度相关极端气候指数空间变化

　　图 4.1～图 4.16 为三种不同温室气体排放情景(RCP2.6、RCP4.5、RCP8.5)下,不同时期(2016—2035 年、2046—2065 年、2080—2099 年)温度相关极端气候指数的空间分布(相对于 1986—2005 年)。

　　图 4.1a～c 是三种不同温室气体排放情景下多模式集合日最高气温最高值(TXx)分布。结果表明,对于不同 RCP 温室气体排放情景下,中国的 TXx 都表现为升高趋势,且随着时间的推移升幅逐渐加大。RCP2.6 情景下,2016—2035 年,中国大部分地区升高 0.4～2.2℃,西北地区西部、西藏南部、西南东部和江南西部升幅较大,升幅在 2.0～2.8℃,低值中心位于青海中部和新疆北部;2046—2065 年,升幅较大的区域向东扩张,西北地区西部、西藏南部升高 2.0～3.0℃,西南东部和江南地区升高 2.0～2.6℃。2080—2099 年,与 2046—2065 年的范围类似,只是增幅更大。RCP4.5 情景下,2016—2035 年,中国增幅都在 1.6℃ 以下,大值区在新疆北部、西藏中部和西南南部地区;2046—2065 年,大值区东移,新疆、西藏大部分地区升高 2.2～2.5℃,长江中下游流域升高 2.4～2.8℃。2080—2099 年,升高范围和增幅进一步扩大,中国大部分地区增幅都在 2.8℃ 以上。RCP8.5 情景下,升高的范围与 RCP4.5 类似,只是增幅更大,尤其长江流域升高 6.4℃ 以上。

　　图 4.2a～c 是三种不同温室气体排放情景下多模式集合日最低气温最高值(TNx)分布。结果表明,未来情景下,中国的 TNx 在大部分区域升高,北方增幅大于南方,随着时间推移增幅越来越大。在 RCP2.6 情景下,2016—2035 年,中国都表现为升高,其中西北地区西北部、西藏南部、内蒙古地区、东北中部和南部升高 1.6～2.4℃。2046—2065 年,升高的范围和强度进一步扩大,中国大部分地区在 1.4℃ 以上,低值中心位于新疆南部、青海中部、四川东南部、海南和台湾。2080—2099 年,多数区域与前一时期类似,只是升高幅度略有下降。在 RCP4.5 情景下,2016—2035 年,中国大部分区域升高,但升高幅度较 RCP2.6 情景下要小,升幅大值区位于西北地区西北部、西藏中部和西南南部部分地区,增幅在 1.0～1.6℃。2046—2065 年,升高的范围和强度进一步扩大并南伸至长江流域,2080—2099 年,继续延续前一时期的变化趋势。在 RCP8.5 情景下,升高的空间分布与 RCP4.5 情景下相似,升高的范围和强度更大,

中国大部分地区升高 2℃以上；到 2080—2099 年，西北地区西部和内蒙古西部升高 6℃以上。

图 4.3a～c 是三种不同温室气体排放情景下多模式集合日最高气温最低值(TXn)分布。结果表明，中国的 TXn 大部分区域升高，东北、新疆和西藏的增幅相对较大。在 RCP2.6 情景下，2016—2035 年，中国都表现为升高趋势，大部分地区升高 0.8℃以上，新疆北部、内蒙古东北部和东北地区升高 2.2～2.8℃。2046—2065 年，升高的范围和强度进一步扩大，大值区处于内蒙古东北部、东北地区、新疆北部和西藏南部，增幅在 2.2～2.8℃。2080—2099 年，升高的范围和强度与前一时期类似。在 RCP4.5 情景下，2016—2035 年，中国大部分区域升高，但升幅较 RCP2.6 情景下要小，大值区位于西藏、内蒙古东北部以及东北地区，为 1.2～2.2℃。2046—2065 年，升高的范围和强度进一步扩大，新疆北部、西藏、内蒙古东北部、东北和华北部分地区将升高 2.2～3.2℃。2080—2099 年，继续延续前一时期的变化趋势，范围和幅度更大。在 RCP8.5 情景下，空间分布与 RCP4.5 情景下相似，变化范围和强度更大，中国大部分地区升高 2.8℃以上，到 2080—2099 年，内蒙古东北部和东北地区将升高 9℃以上。

图 4.4a～c 是三种不同温室气体排放情景下多模式集合日最低气温最低值(TNn)分布。结果表明，未来情景下，中国的 TNn 升高，东北、新疆和西藏的升幅相对较大。在 RCP2.6 情景下，2016—2035 年，中国都表现为升高，西北地区西部、西藏东部、西南地区北部、东北部分地区升幅较大，将升高 2.6～3.4℃，低值中心位于新疆北部、西藏中部和华南南部。2046—2065 年，升高的范围进一步扩大，大值区仍与上一时期相同，升高 3.4～4.2℃。2080—2099 年，升高的范围和强度与前一时期类似。在 RCP4.5 情景下，2016—2035 年，中国大部分区域升高，但升高幅度较 RCP2.6 情景下要小，大值区位于西藏南部和东北地区，为 1.8～2.6℃，长江流域及其以南区域增幅较小。2046—2065 年，升高的强度进一步加强，范围向南扩张，新疆北部、西藏南部和东北地区升高 3.0～3.8℃。2080—2099 年，继续延续前一时期的变化趋势，范围和幅度更大。在 RCP8.5 情景下，变化的空间分布与 RCP4.5 情景下相似，升高的范围和强度更大，新疆北部、西藏南部和东北尤甚，到 2080—2099 年将升高 8.6℃。

图 4.5a～c 是三种不同温室气体排放情景下多模式集合冷夜指数(TN10p)分布。结果表明，未来情景下，中国的 TN10p 都表现为减少趋势。在 RCP2.6 情景下，2016—2035 年，内蒙古东北部、西藏南部以及长江流域地区降幅相对较大，为 −4.4% ～ −5.0%。2046—2065 年，减少的强度进一步扩大，中国大部分地区在 −4.6% 以下，东部降幅大于西部。2080—2099 年，降幅的范围和强度与前一时期类似，但降幅稍缓。在 RCP4.5 情景下，2016—2035 年，中国大部分区域减少，但减少幅度较 RCP2.6 情景下要小，降幅大值区位于西藏南部、西南南部和东北。2046—2065 年，减少的强度进一步扩大，降幅大的范围向东向南扩张至长江、黄河流域，减少较大的区域位于西藏地区、西南部分地区、长江流域、黄淮和东北地区，为 −5.6% ～ −6.2%。2080—2099 年，继续延续前一时期的变化趋势，范围和幅度更大。在 RCP8.5 情景下，降幅的空间分布与 RCP4.5 情景下相似，减少范围和强度更大，到 2080—2099 年，中国大部分地区将减少 −6% 以上，长江中游将减少 −8.2%。

图 4.6a～c 是三种不同温室气体排放情景下多模式集合暖夜指数(TN90p)分布。结果表明，未来情景下，中国的 TN90p 都表现为增加的趋势，西南部增幅大于东北部。在 RCP2.6 情景下，2016—2035 年，中国都表现为增加，西藏南部、西南地区南部和华南地区增幅相对较大，为 18%～24%。2046—2065 年，增加的强度进一步加大向北延伸，南方的增幅大于北方。2080—2099 年，增幅的范围和强度与前一时期类似。在 RCP4.5 情景下，2016—2035 年，中国

表现为增加,但增加幅度较 RCP2.6 情景下小,增幅大值区位于西北地区西南部、西藏南部、西南南部和华南,为 12%~20%。2046—2065 年,增加的强度进一步扩大,增幅大的范围向北扩张,新疆中部塔里木盆地也存在较大增幅,增加最大地区为海南和台湾,为 36%~40%。2080—2099 年,继续延续前一时期的变化趋势,范围和幅度更大。在 RCP8.5 情景下,变化空间分布与 RCP4.5 情景下相似,只是增加的范围和强度更大,尤其是西藏南部、西南南部、海南和台湾增加 58%~62%。

图 4.7a~c 三种不同温室气体排放情景下多模式集合冷昼指数(TX10p)分布。结果表明,未来情景下,中国的 TX10p 都表现为减少的趋势,西藏和江南沿海相对降幅较大。在 RCP2.6 情景下,2016—2035 年,中国大部分地区的 TX10p 将减少 -2.6%~-3.4%,西藏、东北、黄淮和江淮的沿海地区降幅相对较大,为 -4.4%~-5.0%。2046—2065 年,减少的强度进一步扩大,大值中心在西藏部分地区、黄淮和江淮沿海地区,降幅在 -5.4%~-5.8%。2080—2099 年,降幅的范围和强度与前一时期类似,但降幅稍缓。在 RCP4.5 情景下,2016—2035 年,中国表现为减少趋势,幅度较 RCP2.6 情景下要小,降幅大值区位于西藏、东北部分地区、黄淮和江淮东部沿海,为 -3.6%~-4.0%。2046—2065 年,减少的强度进一步扩大,中国大部分地区在 -4.6% 以上,大值区与前一时期一致,达到 -5.8%~-6.6%。2080—2099 年,继续延续前一时期的变化趋势,范围和幅度更大。在 RCP8.5 情景下,空间分布与 RCP4.5 情景下相似,只是减少范围和强度更大,2080—2099 年,大部分地区将减少 -5.6% 以上,西藏和华东将减少 -7.0%~-7.5%。

图 4.8a~c 是三种不同温室气体排放情景下多模式集合暖昼指数(TX90p)分布。结果表明,在未来情景下,中国的 TX90p 都表现为增加,西南和华南沿海增幅较大,东北增幅较小。在 RCP2.6 情景下,2016—2035 年,中国增幅在 5%~16%,西藏、西南地区南部和华南沿海增幅相对较大,为 12%~18%。2046—2065 年,增加的强度进一步向北延伸,南方地区的增幅大于北方地区,大值区在海南和台湾,增幅为 26%~32%。2080—2099 年,增幅的范围和强度与前一时期类似。在 RCP4.5 情景下,2016—2035 年,中国表现为增加,增加幅度较 RCP2.6 情景下要小,增幅大值区位于新疆中部塔里木盆地、西藏、西南南部和华南沿海,增幅 10%~14%;低值中心位于黄淮西部,增幅低于 5%。2046—2065 年,增加的强度进一步扩大,范围向东向北延伸,华南南部、海南和台湾增加 36%~44%。2080—2099 年,增加的强度进一步扩大,增幅大的范围向北扩张。在 RCP8.5 情景下,分布与 RCP4.5 情景下相似,增加范围和强度更大,到 2080—2099 年,中国大部分地区将增加 20% 以上,西藏、海南和台湾将增加 58%~64%。

图 4.9a~c 是三种不同温室气体排放情景下多模式集合温度日较差(DTR)分布。结果表明,未来情景下,中国的 DTR 表现为北方大部分区域降低,华南升高。在 RCP2.6 情景下,2016—2035 年,长江以北区域大都表现为 DTR 降低,降幅在 0~0.7℃,长江以南变化不明显,新疆南部将升高,增幅在 0.1~0.3℃。2046—2065 年,升高的区域范围进一步扩大至新疆和长江以南地区,大值区处于新疆南部和贵州,增幅在 0.2~0.3℃;西北、东北、华北大部地区仍为降低趋势。2080—2099 年,升高的范围与前一时期类似,强度增大。在 RCP4.5 情景下,2016—2035 年,华北、华中和长江以南地区呈上升趋势,大值区位于西南地区东部,升幅在 0.1~0.2℃;北方大部分区域降低,西北、西藏、内蒙古和东北部分地区降低 0~0.3℃。2046—2065 年,升高的范围和强度进一步扩大,西藏中部、新疆南部也表现为升高趋势,大值区仍处于西南地区东部。2080—2099 年,继续延续前一时期的变化趋势,范围和幅度更大。在 RCP8.5 情景下,2016—2035 年、2046—2065 年两个时期升高幅度的空间分布与 RCP4.5 情景下相似,升高范围和强度更

大。2080—2099 年,西南地区东部以及长江中下游流域部分地区升幅在 0.4～0.6℃。

图 4.10a～c 是三种不同温室气体排放情景下多模式集合生长季长度(GSL)分布。结果表明,未来情景下,相对于 1986—2005 年,中国大部分区域的 GSL 将延长。RCP2.6 情景下,2016—2035 年,中国大部分区域将延长 0～20 d,其中西藏南部、青海东部和西南地区北部为大值区,将延长 20～25 d。2046—2065 年,延长的范围进一步向东扩展至长江流域,高值中心位于西藏、西南地区北部,增幅在 20～30 d。2080—2099 年,多数区域与前一时期类似,只是延长的天数略有下降。在 RCP4.5 情景下,2016—2035 年,中国大部分区域延长,但延长的天数较 RCP2.6 情景下要小,增幅大值区位于西藏东部和西南地区北部,为 15～25 d。2046—2065 年,延长的范围和强度进一步扩大,西藏、西北中部和西南北部部分地区增幅较大,2080—2099 年,继续延续前一时期的变化趋势。在 RCP8.5 情景下,空间分布与 RCP4.5 情景下相似,升高范围和强度更大,中国大部分地区将延长 20 d 以上,尤其是青藏高原将延长 80 d。

图 4.11a～c 是三种不同温室气体排放情景下多模式集合霜冻日数(FD)分布。结果表明,未来情景下,相对于 1986—2005 年,中国大部分区域的 FD 将减少。在 RCP2.6 情景下,2016—2035 年,中国呈减少趋势,其中新疆中部、西北地区中部、西藏南部和西南地区北部的部分地区减少幅度较大,为 -16～-20 d,低值区分别在华南和东北北部。2046—2065 年,减少的强度进一步向南、向北扩大,高值中心与前一时期一致,为 -20～-26 d,低值区在华南南部、海南和台湾。2080—2099 年,多数区域与前一时期类似,但强度稍弱。在 RCP4.5 情景下,2016—2035 年,中国呈减少趋势,幅度较 RCP2.6 情景下要小,大部分区域在 -2～-12 d,减少的大值区位于西藏东部、西北地区中部和西南地区北部,为 -12～-14 d。2046—2065 年,减少的范围和强度进一步向东延伸,西部降幅大于东部,青海、西藏、西南地区北部降幅较大,为 -22～-26 d。2080—2099 年,继续延续前一时期的变化趋势,大值区在西藏东部和西南地区北部。在 RCP8.5 情景下,减少的空间分布与 RCP4.5 情景下相似,到 2080—2099 年,随着温度的升高,除西南地区南部和华南外,中国大部分地区都将减少 35 d 以上。

图 4.12a～c 是三种不同温室气体排放情景下多模式集合冰冻日数(ID)分布。结果表明,未来情景下,相对于 1986—2005 年,中国的 ID 大部分地区都表现为减少的趋势,减少幅度较大的区域主要在西藏地区,尤其是西藏南部。RCP2.6 情景下,2016—2035 年,中国大部地区呈减少趋势,西北部大于东南部,减少的大值区主要集中在西藏南部和东部,降幅在 -15～-25 d,长江流域及其以南地区降幅相对较小;2046—2065 年,减少幅度进一步向东扩展,新疆中部、西藏南部、西南地区北部降幅在 -20～-30 d,其中西藏南部地区在 -25 d 以上。2080—2099 年,多数区域与前一时期类似,只是减少幅度略小。RCP4.5 情景下,2016—2035 年,中国的 ID 降低,但减少幅度较 RCP2.6 情景下要小,西藏东南部的降幅在 -15～-20 d,低值区仍为长江以南地区;2046—2065 年,减少的范围和强度进一步扩大,西部减小的幅度大于东部,大值区位于西藏地区,降幅在 -20～-35 d。2080—2099 年,继续延续前一时期的变化趋势。RCP8.5 情景下,减少最大的地区在西藏、青海南部和西南地区北部,2080—2099 年,该地区降幅最高达到 -60～-80 d。

图 4.13a～c 是三种不同温室气体排放情景下多模式集合夏季日数(SU)分布。结果表明,未来情景下,相对于 1986—2005 年,中国的 SU 都将表现为增加趋势,增加幅度较大的地区主要集中在西南南部、华南大部分地区,青藏高原增幅较小。RCP2.6 情景下,2016—2035 年,中国增幅在 0～20 d,其中云南和贵州增幅在 20～25 d,低值区位于西藏和青海南部;2046—2065 年,大值区向东扩展,新疆中部、东北南部、长江流域及其南部地区增幅达到 20 d 以上,其中

西南地区南部增幅超过 30 d,低值中心仍位于西藏;2080—2099 年,与前一时期变化区域一致,只是增幅略小。RCP4.5 情景下,2016—2035 年,与 RCP2.6 变化类似,大值区仍位于西南地区南部,增幅在 20 ～25 d;2046—2065 年,增加大范围扩大,除西北地区西部、西藏、内蒙古东北部和东北北部,中国增幅在 20～50 d,其中长江以南部地区增幅超过 30 d,大值区位置不变,青藏高原增幅最小,在 0～1 d。2080—2099 年继续延续前一时期的变化趋势。RCP8.5 情景下,除青藏高原以外的地区,将增加 30 d 以上,尤其是西南地区南部将达到 95 d 以上。

图 4.14a～c 是三种不同温室气体排放情景下多模式集合热带夜数(TR)分布。结果表明,未来情景下,相对于 1986—2005 年,中国的 TR 都表现为增加的趋势,其变化具有一定区域性特征,增幅大值区集中在西南地区南部。RCP2.6 情景下,2016—2035 年,中国大部分地区增幅在 12 d 以上,其中西南南部和华南北部增幅超过 20 d,西藏、西北地区中部、西南地区北部增幅相对较小;2046—2065 年,增加的幅度进一步增大,范围向西北扩展,大值区位于西南地区南部,增幅超过 30 d;2080—2099 年,与前一时期变化类似,只是增幅稍小。RCP4.5 情景下,2016—2035 年,与 RCP2.6 变化类似,但增幅略小,大值区仍位于西南地区南部,增幅在 20 d 以上。2046—2065 年,中国大部分地区增幅超过 20 d,大值区不变,增幅在 40～50 d,西藏、西北地区中部增幅相对较小。2080—2099 年,增幅的范围和强度更大。RCP8.5 情景下,到 2080—2099 年,除西藏地区外,大部分地区的 TR 将增加 30 d 以上。

图 4.15a～c 是三种不同温室气体排放情景下多模式集合异常暖昼持续指数(WSDI)分布。结果表明,未来情景下,相对于 1986—2005 年,中国的 WSDI 都表现为增加趋势。RCP2.6 情景下,2016—2035 年,中国的 WSDI 增加,西藏、西南地区南部以及中国东部和南部沿海地区增加 28～40 d,海南、台湾增幅超过 40 d,内蒙古东部、华北增幅相对较小;2046—2065 年,中国大部分地区增幅在 12 d 以上,西藏、西南地区南部、华南和华东增幅超过 28 d,西藏的西部和南部地区、东部沿海增幅在 44 d 以上;2080—2099 年,与前一时期变化趋势一致,但增幅略小。RCP4.5 情景下,2016—2035 年,与 RCP2.6 变化类似,但增幅略小,增幅主要集中在西藏地区、西南地区南部和沿海地区,增幅在 28～44 d。2046—2065 年,新疆西部、西藏地区、西南地区南部以及沿海地区增幅在 48 d 以上,其中西藏西部、西南地区南部、东南沿海增幅超过 60 d。2080—2099 年,继续延续前一时期变化趋势,增幅的范围和强度更大。RCP8.5 情景下,增幅大值区与 RCP4.5 情景类似,但增幅更大,到 2080—2099 年,大部分地区的 WSDI 都将增加 100 d 以上。

图 4.16a～c 是三种不同温室气体排放情景下多模式集合异常冷昼持续指数(CSDI)分布。结果表明,未来情景下,相对于 1986—2005 年,中国的 CSDI 都表现为减少的趋势,西部地区下降幅度相对较大。RCP2.6 情景下,2016—2035 年,中国的 CSDI 呈下降趋势,西北地区西部、西藏、西南地区南部和华南降幅在 −3～−4 d,华北和东北东部降幅较小,在 −1.5～−2 d;2046—2065 年,大值区与 2016—2035 年类似,降幅在 −4 d～−5 d,东北南部降幅在 −2 d～−2.5 d;2080—2099 年,与前一时期变化趋势一致,但降幅略小。RCP4.5 情景下,2016—2035 年,与 RCP2.6 变化类似,但降幅略小,中国大部分地区降幅在 −1.5～−2.5 d,西北地区东北部减少较小,降幅在 −1.5～−2 d,降幅最大处位于新疆中部、西藏南部和华南南部地区,降幅在 −3.5～−4.5 d,海南省降幅超过 −5 d;2046—2065 年,大值区位于新疆中部、西藏南部、华南南部地区,降幅在 −4～−6 d,内蒙古中部、华北北部和东北南部降幅相对较小;2080—2099 年,继续延续前一时期变化趋势,降幅的范围和强度更大。RCP8.5 情景下,降幅大值区与 RCP4.5 情景类似,中国大部分地区减少 −3 d,其中海南将减少 −6 d 以上。

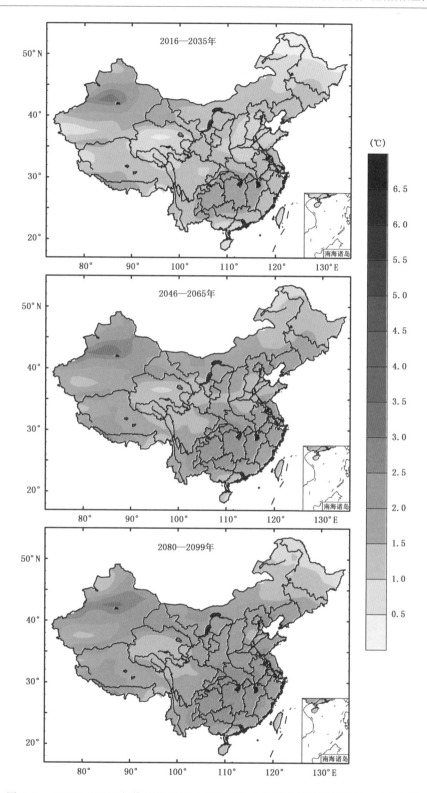

图 4.1a RCP2.6温室气体排放情景下多模式集合日最高气温最高值(TXx)分布图
(相对于 1986—2005 年)

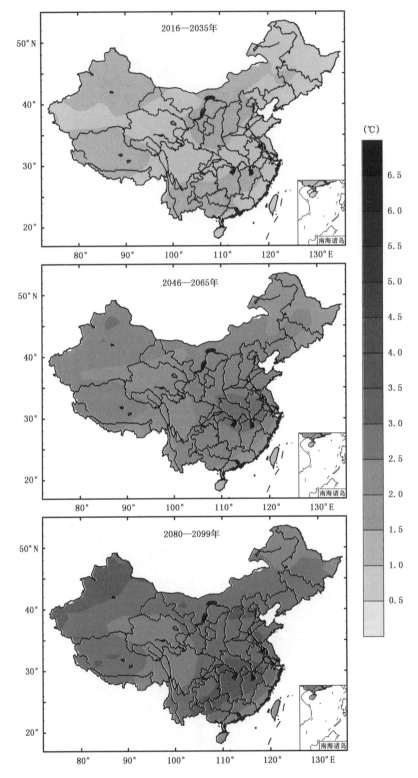

图 4.1b RCP4.5 温室气体排放情景下多模式集合日最高气温最高值(TXx)分布图

(相对于 1986—2005 年)

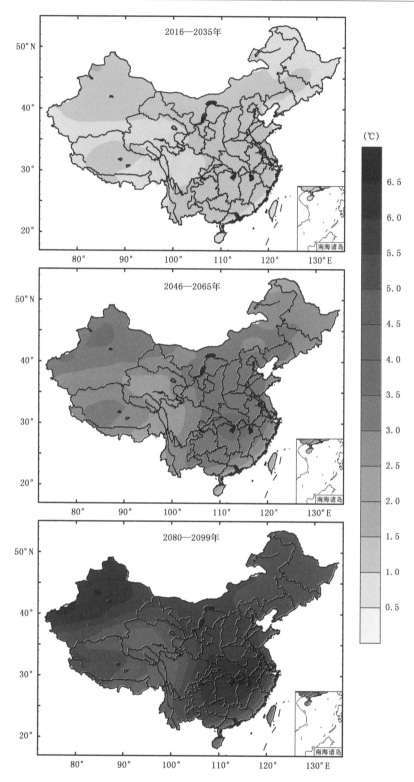

图 4.1c RCP8.5 温室气体排放情景下多模式集合日最高气温最高值(TXx)分布图

(相对于 1986—2005 年)

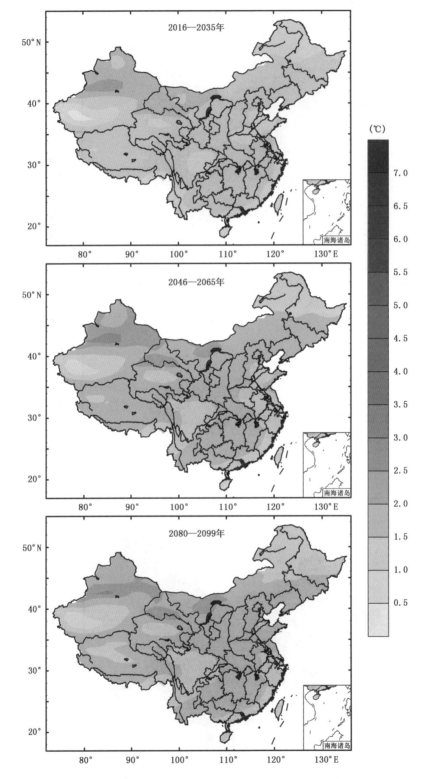

图 4.2a RCP2.6 温室气体排放情景下多模式集合日最低气温最高值(TNx)分布图

(相对于 1986—2005 年)

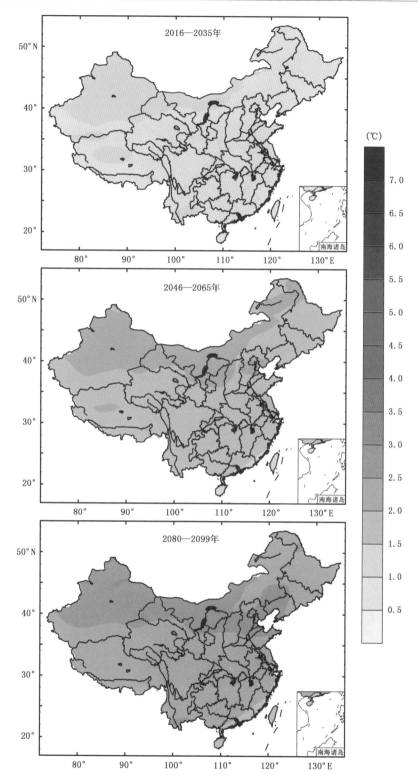

图 4.2b RCP4.5 温室气体排放情景下多模式集合日最低气温最高值(TNx)分布图

(相对于 1986—2005 年)

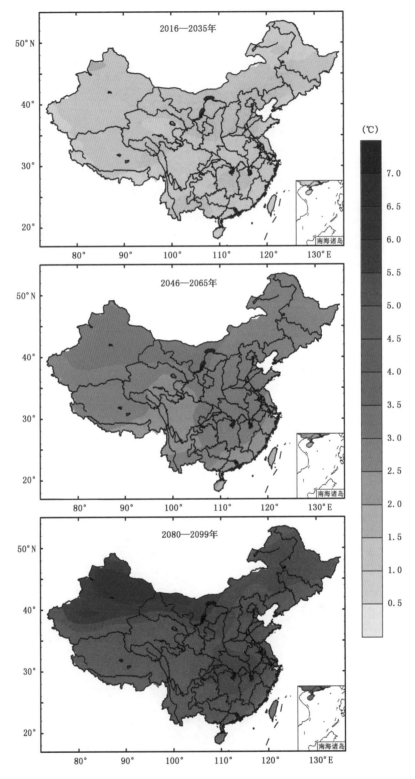

图 4.2c　RCP8.5 温室气体排放情景下多模式集合日最低气温最高值(TNx)分布图

(相对于 1986—2005 年)

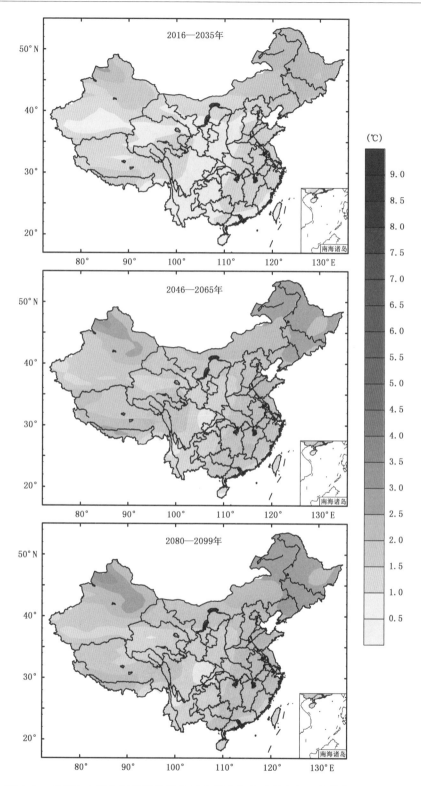

图 4.3a RCP2.6温室气体排放情景下多模式集合日最高气温最低值(TXn)分布图

(相对于 1986—2005 年)

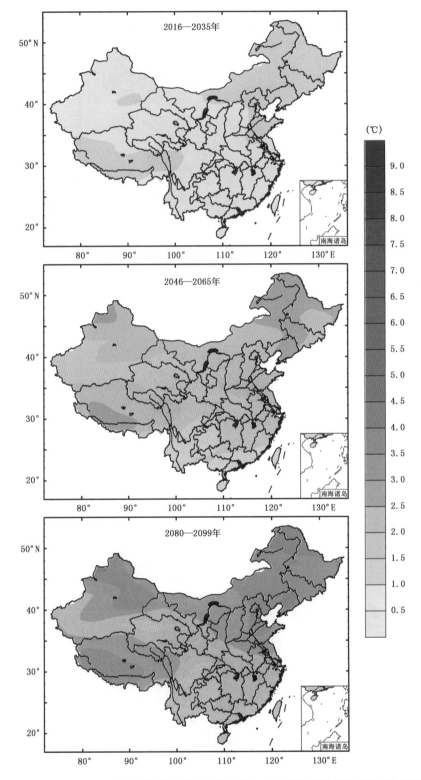

图 4.3b RCP4.5 温室气体排放情景下多模式集合日最高气温最低值(TXn)分布图

(相对于 1986—2005 年)

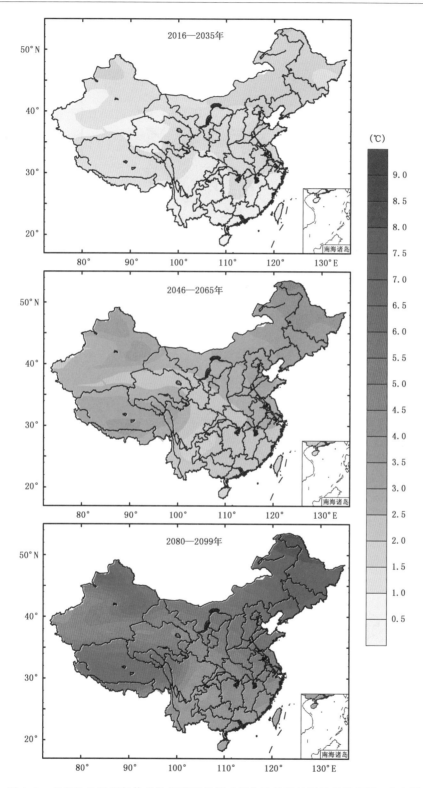

图 4.3c　RCP8.5 温室气体排放情景下多模式集合日最高气温最低值(TXn)分布图

(相对于 1986—2005 年)

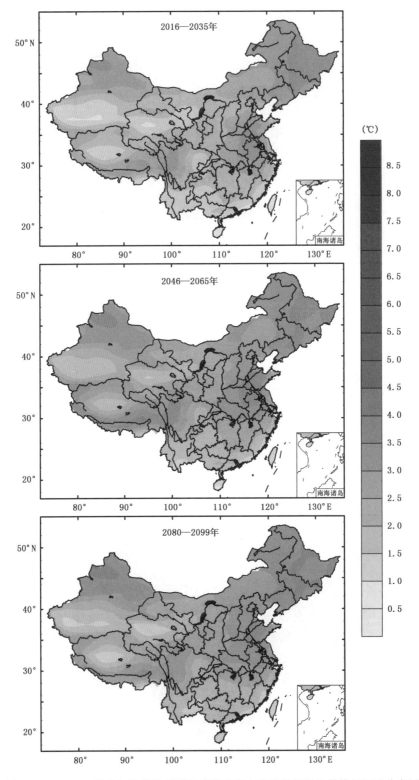

图 4.4a RCP2.6 温室气体排放情景下多模式集合日最低气温最低值(TNn)分布图

(相对于 1986—2005 年)

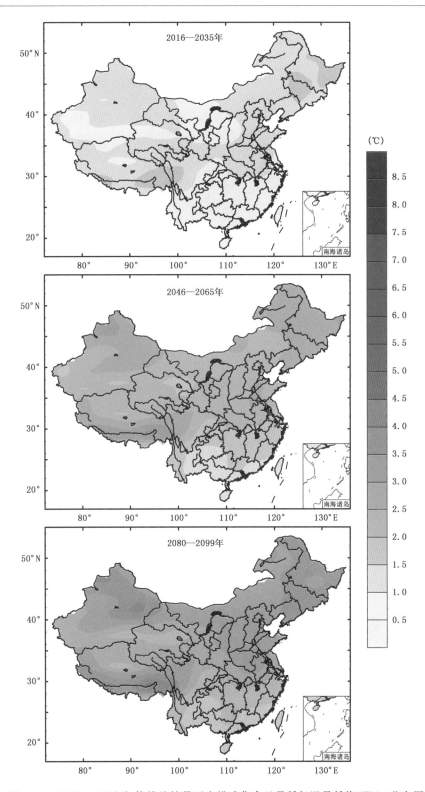

图 4.4b　RCP4.5温室气体排放情景下多模式集合日最低气温最低值(TNn)分布图

（相对于 1986—2005 年）

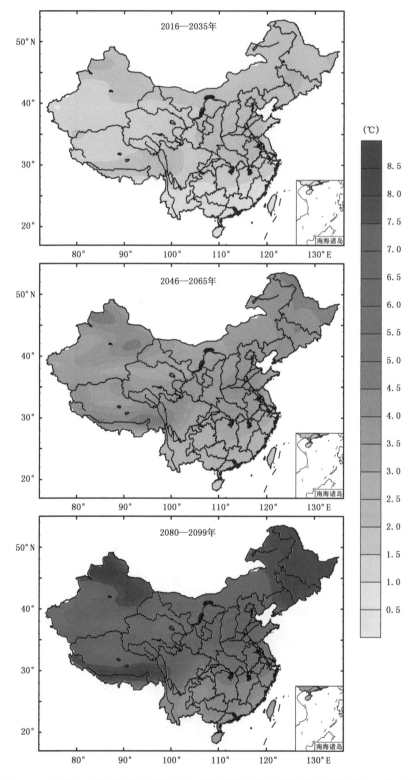

图 4.4c RCP8.5 温室气体排放情景下多模式集合日最低气温最低值(TNn)分布图

(相对于 1986—2005 年)

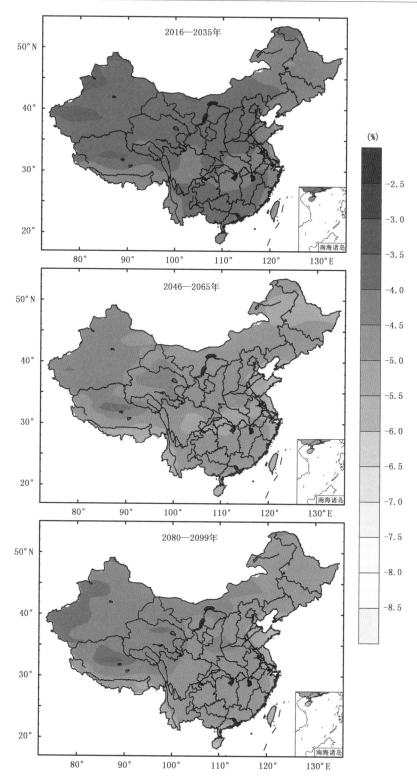

图 4.5a　RCP2.6 温室气体排放情景下多模式集合冷夜指数(TN10p)分布图

(相对于 1986—2005 年)

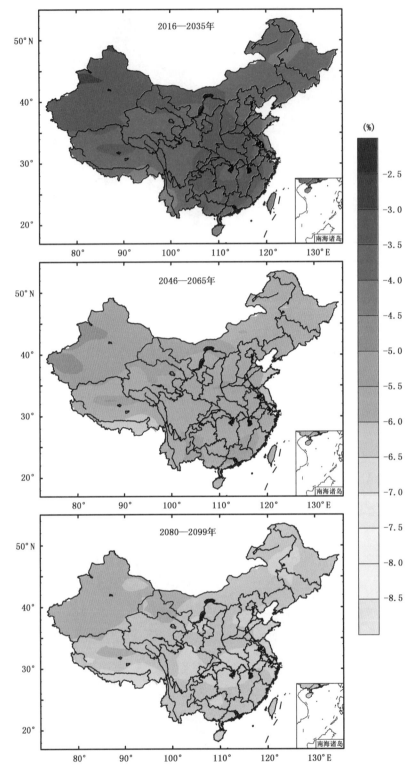

图 4.5b　RCP4.5 温室气体排放情景下多模式集合冷夜指数(TN10p)分布图
(相对于 1986—2005 年)

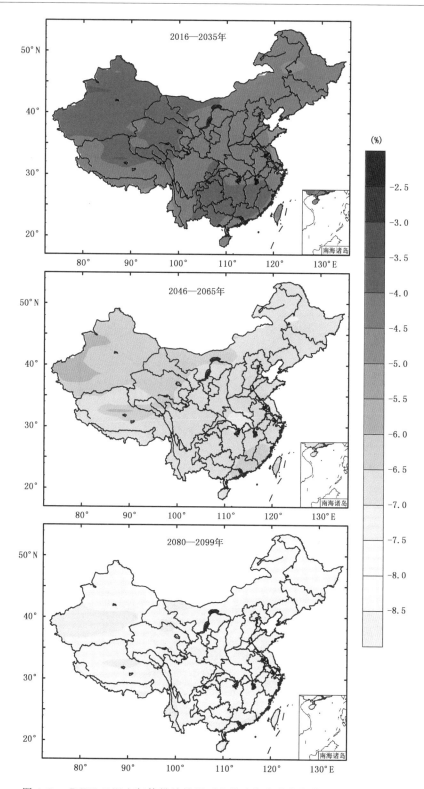

图 4.5c RCP8.5 温室气体排放情景下多模式集合冷夜指数(TN10p)分布图

(相对于 1986—2005 年)

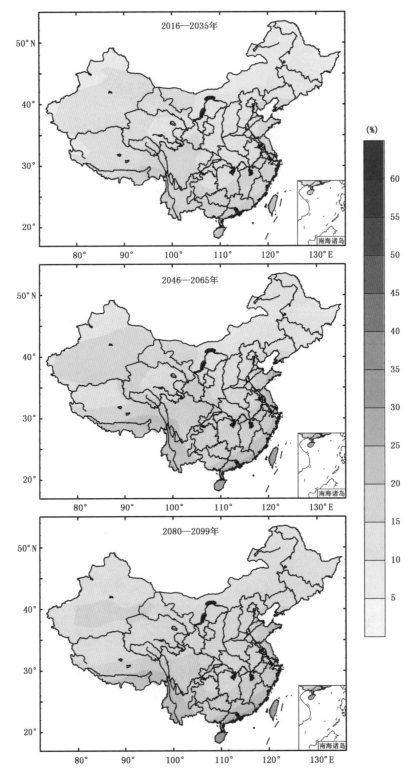

图 4.6a　RCP2.6 温室气体排放情景下多模式集合暖夜指数(TN90p)分布图
(相对于 1986—2005 年)

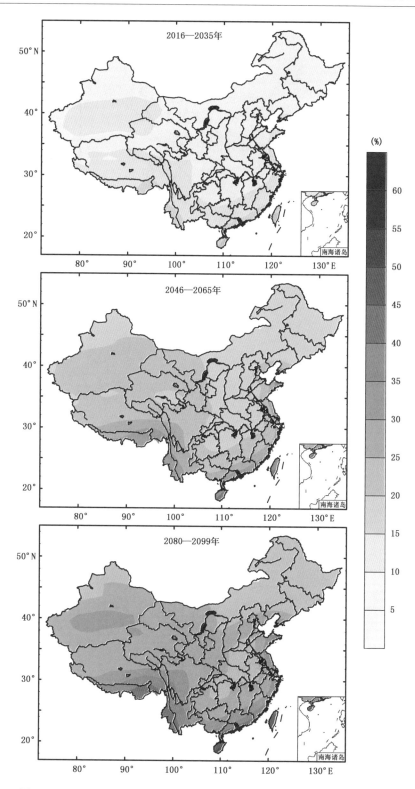

图 4.6b RCP4.5 温室气体排放情景下多模式集合暖夜指数(TN90p)分布图

(相对于 1986—2005 年)

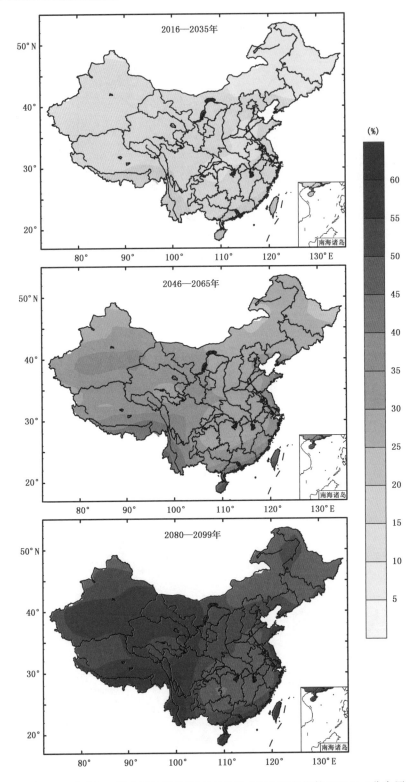

图 4.6c RCP8.5 温室气体排放情景下多模式集合暖夜指数(TN90p)分布图

(相对于 1986—2005 年)

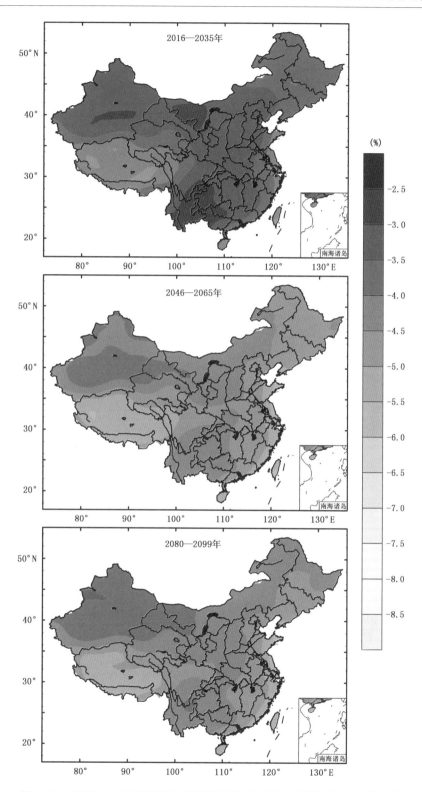

图 4.7a RCP2.6 温室气体排放情景下多模式集合冷昼指数(TX10p)分布图

(相对于 1986—2005 年)

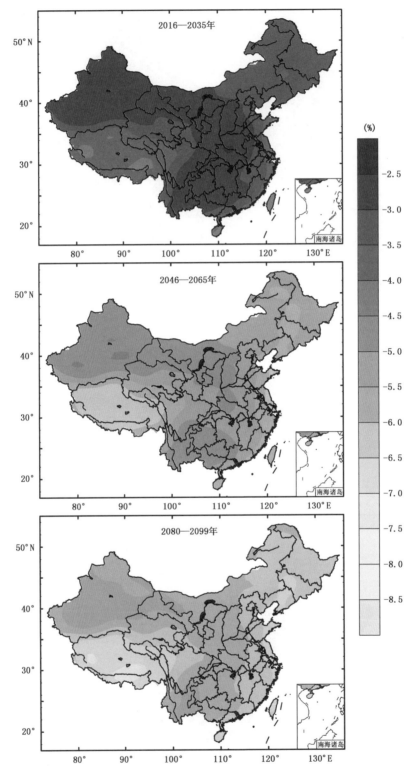

图 4.7b　RCP4.5 温室气体排放情景下多模式集合冷昼指数（TX10p）分布图
（相对于 1986—2005 年）

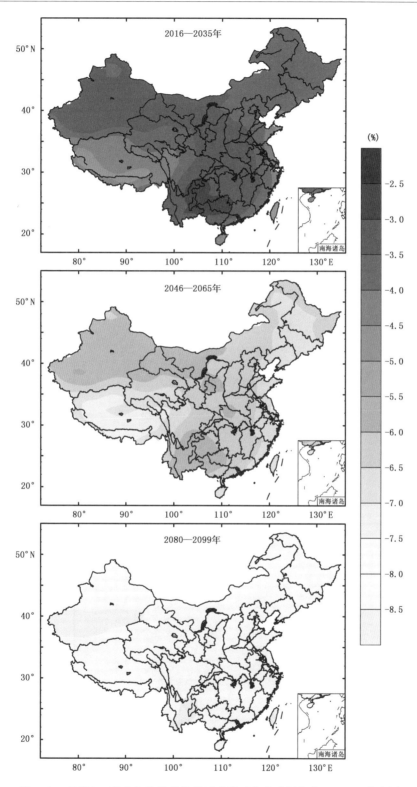

图 4.7c RCP8.5 温室气体排放情景下多模式集合冷昼指数(TX10p)分布图
(相对于 1986—2005 年)

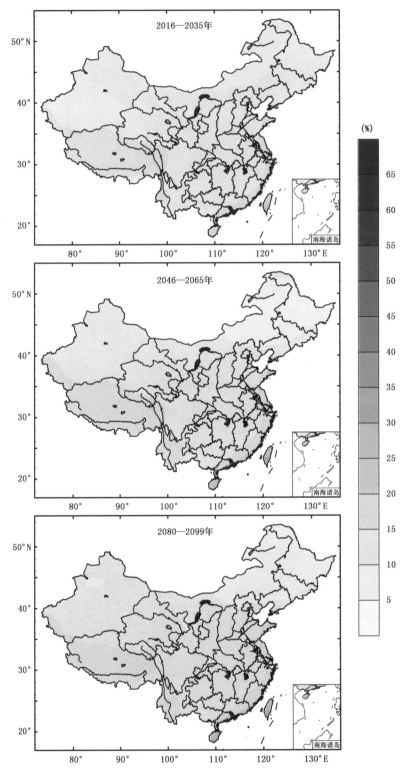

图 4.8a　RCP2.6 温室气体排放情景下多模式集合暖昼指数(TX90p)分布图

(相对于 1986—2005 年)

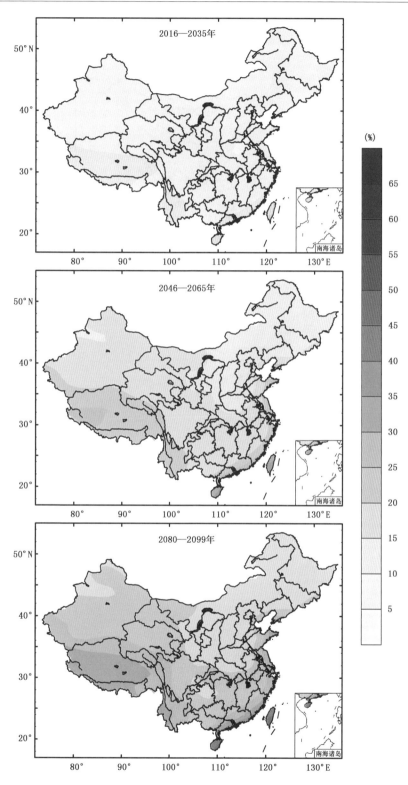

图 4.8b　RCP4.5 温室气体排放情景下多模式集合暖昼指数(TX90p)分布图

(相对于 1986—2005 年)

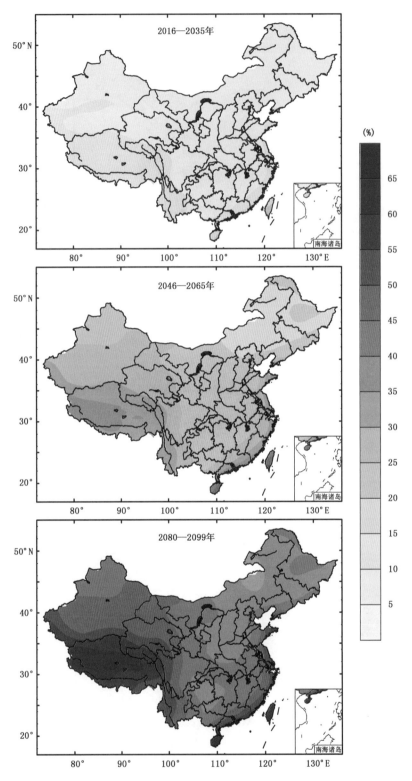

图 4.8c RCP8.5 温室气体排放情景下多模式集合暖昼指数(TX90p)分布图

(相对于 1986—2005 年)

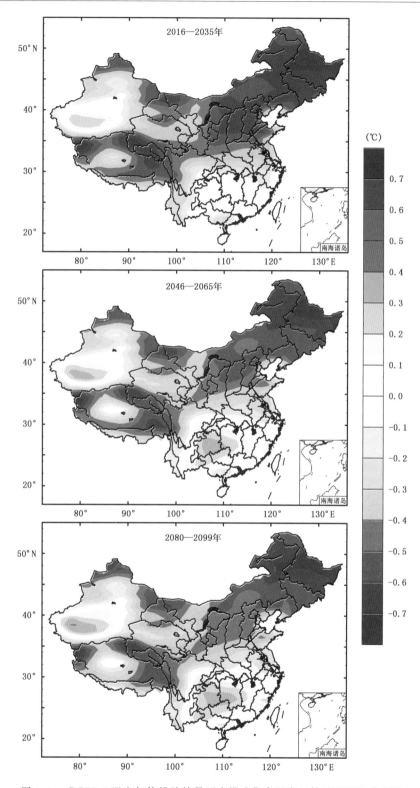

图 4.9a　RCP2.6 温室气体排放情景下多模式集合温度日较差(DTR)分布图

（相对于 1986—2005 年）

未来极端气候事件变化预估图集

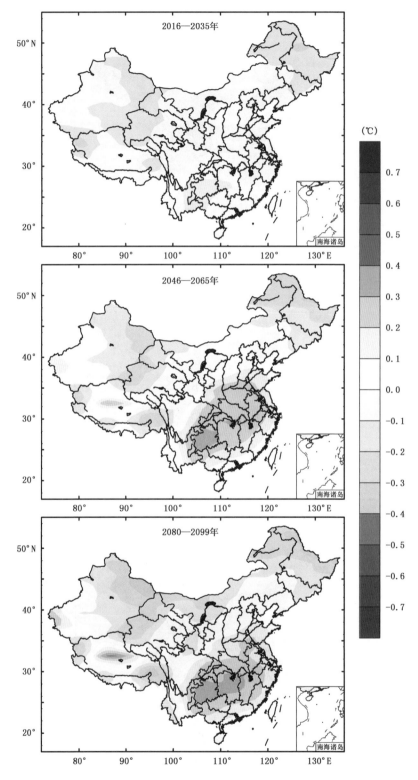

图 4.9b　RCP4.5 温室气体排放情景下多模式集合温度日较差(DTR)分布图
（相对于 1986—2005 年）

· 82 ·

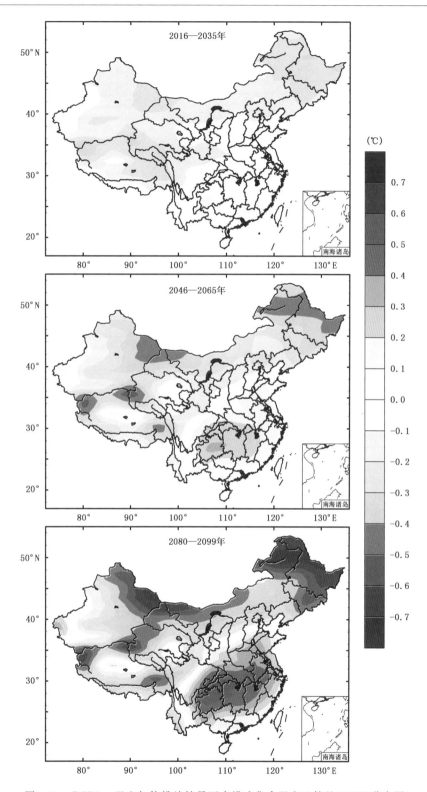

图 4.9c RCP8.5 温室气体排放情景下多模式集合温度日较差(DTR)分布图

(相对于 1986—2005 年)

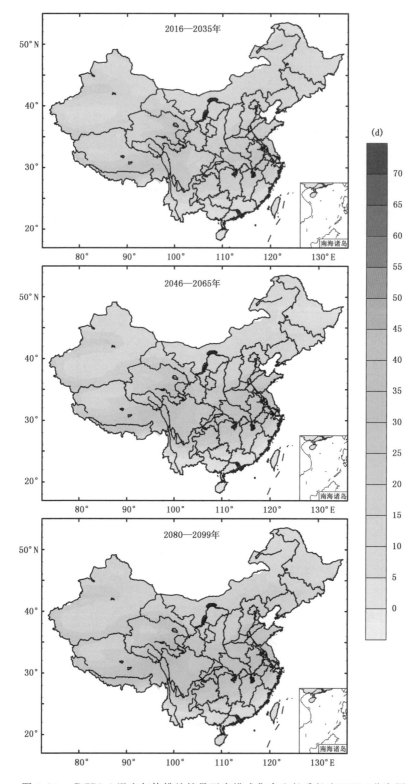

图 4.10a RCP2.6温室气体排放情景下多模式集合生长季长度(GSL)分布图

(相对于 1986—2005 年)

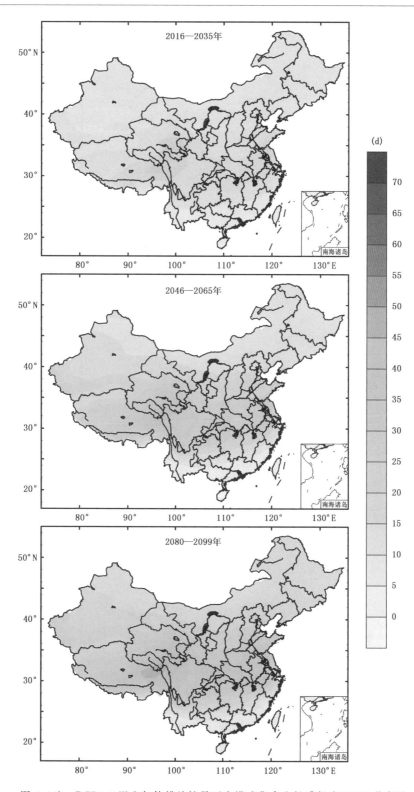

图 4.10b　RCP4.5 温室气体排放情景下多模式集合生长季长度(GSL)分布图

（相对于 1986—2005 年）

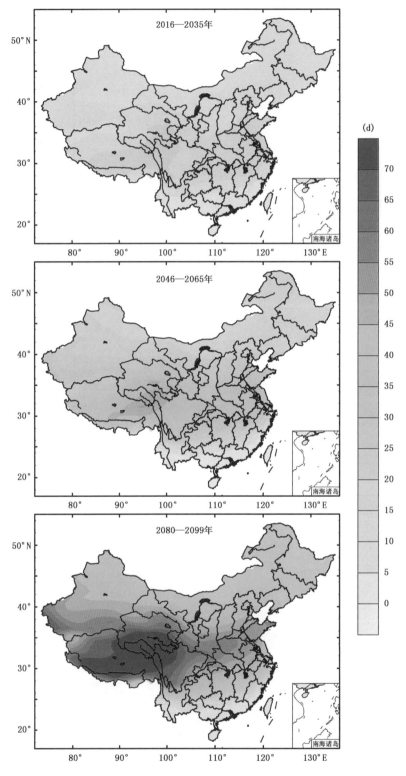

图4.10c　RCP8.5温室气体排放情景下多模式集合生长季长度(GSL)分布图

(相对于1986—2005年)

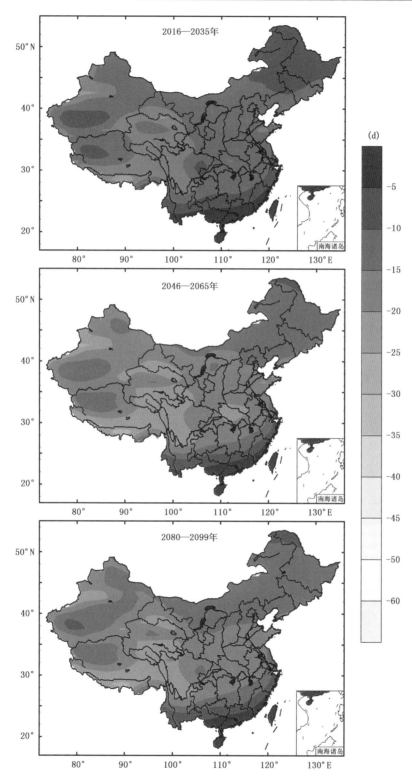

图 4.11a　RCP2.6 温室气体排放情景下多模式集合霜冻日数(FD)分布图

（相对于 1986—2005 年）

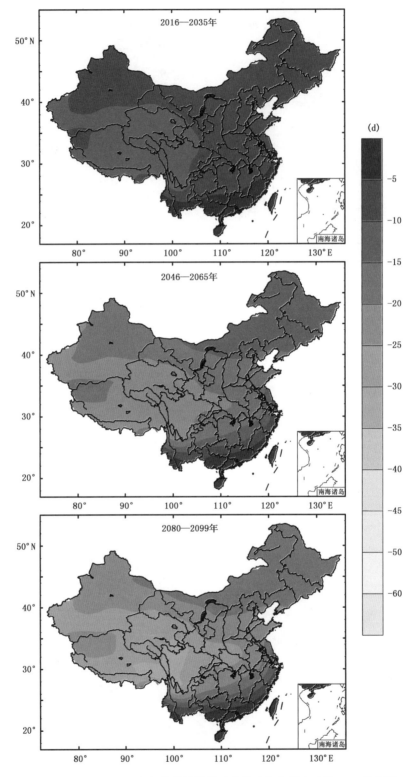

图 4.11b RCP4.5 温室气体排放情景下多模式集合霜冻日数(FD)分布图

(相对于 1986—2005 年)

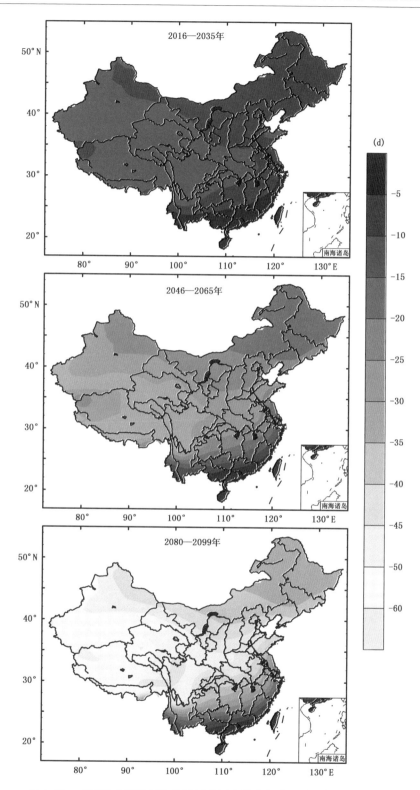

图 4.11c　RCP8.5 温室气体排放情景下多模式集合霜冻日数(FD)分布图

(相对于 1986—2005 年)

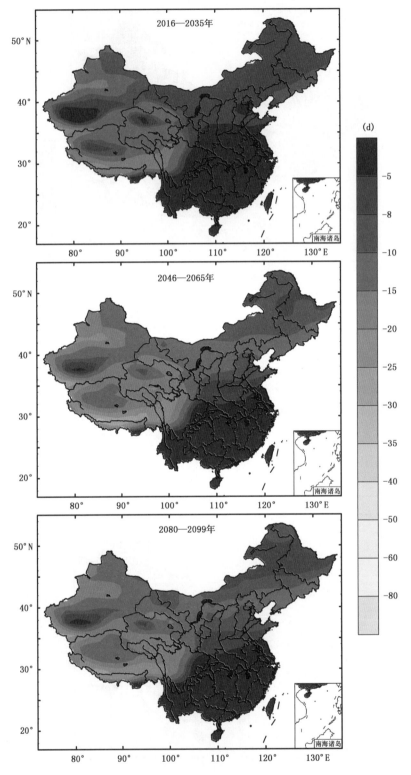

图 4.12a　RCP2.6 温室气体排放情景下多模式集合冰冻日数（ID）分布图

（相对于 1986—2005 年）

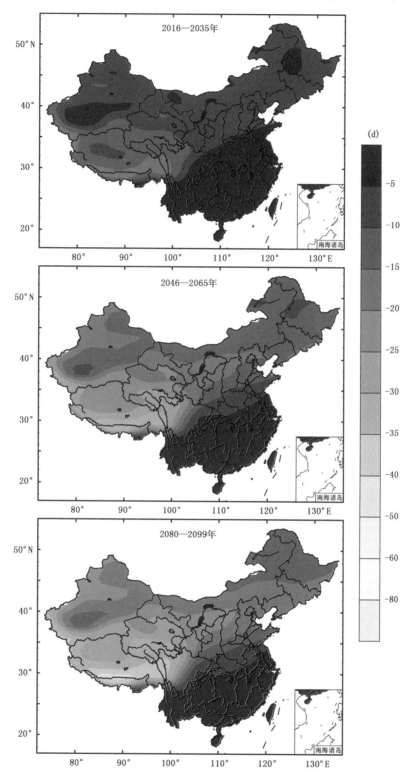

图 4.12b　RCP4.5 温室气体排放情景下多模式集合冰冻日数(ID)分布图

（相对于 1986—2005 年）

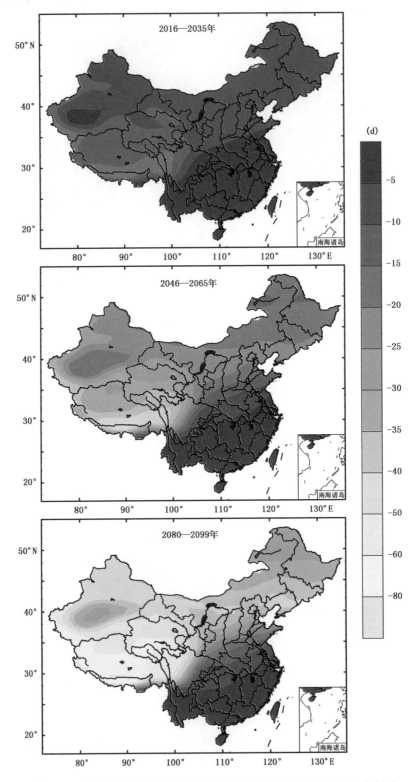

图 4.12c RCP8.5温室气体排放情景下多模式集合冰冻日数(ID)分布图

(相对于 1986—2005 年)

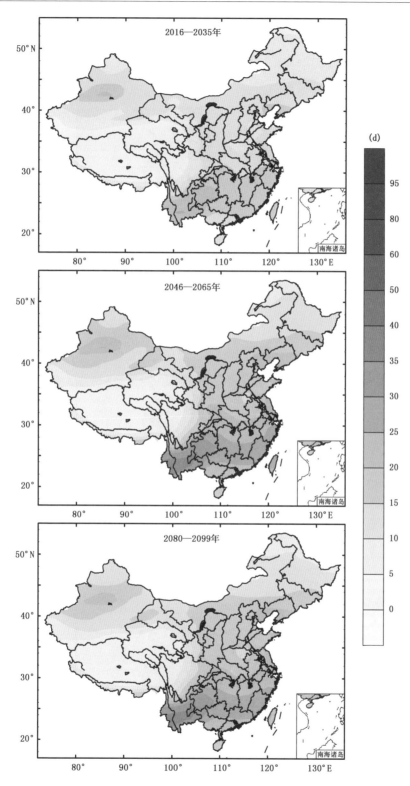

图 4.13a　RCP2.6 温室气体排放情景下多模式集合夏季日数(SU)分布图
(相对于 1986—2005 年)

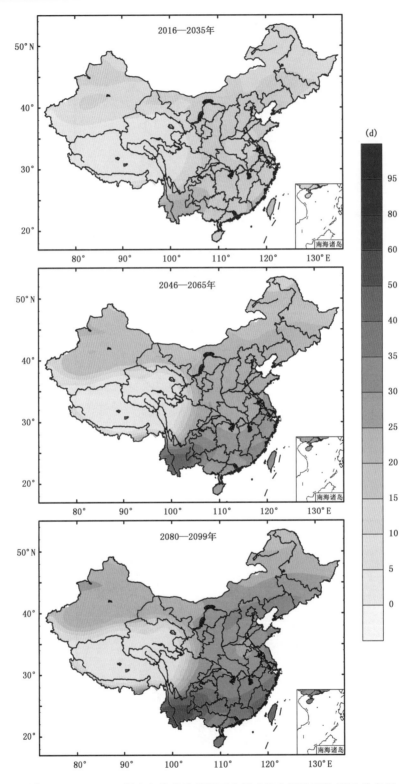

图 4.13b RCP4.5 温室气体排放情景下多模式集合夏季日数(SU)分布图

（相对于 1986—2005 年）

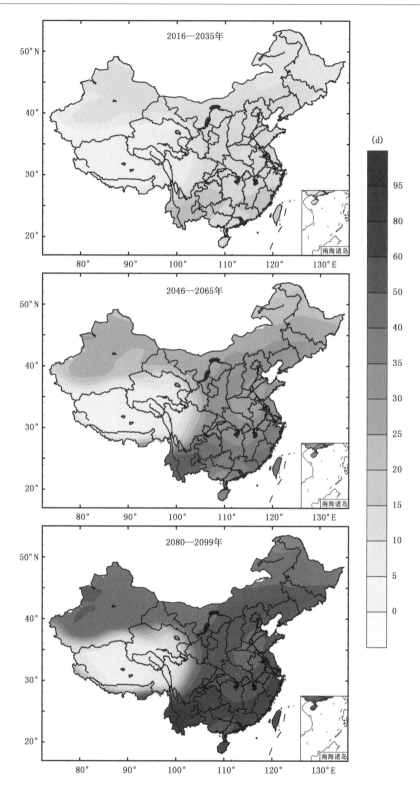

图 4.13c RCP8.5温室气体排放情景下多模式集合夏季日数(SU)分布图

(相对于 1986—2005 年)

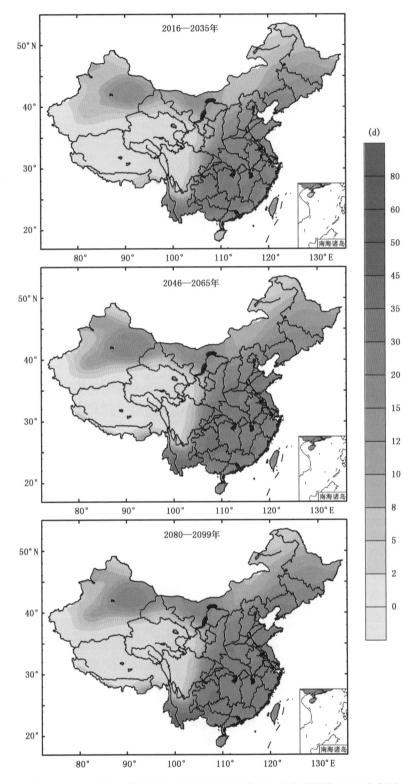

图 4.14a　RCP2.6 温室气体排放情景下多模式集合热带夜数(TR)分布图

(相对于 1986—2005 年)

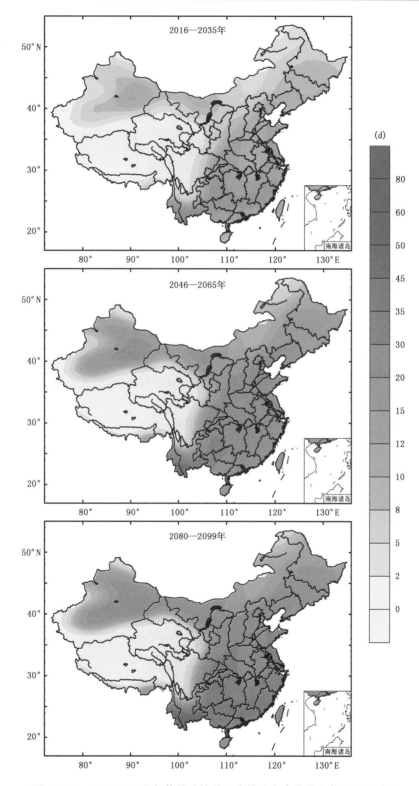

图 4.14b　RCP4.5 温室气体排放情景下多模式集合热带夜数(TR)分布图

(相对于 1986—2005 年)

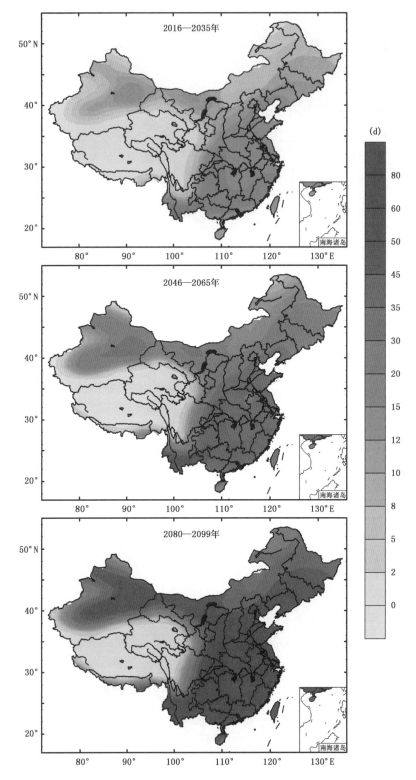

图 4.14c RCP8.5 温室气体排放情景下多模式集合热带夜数(TR)分布图
(相对于 1986—2005 年)

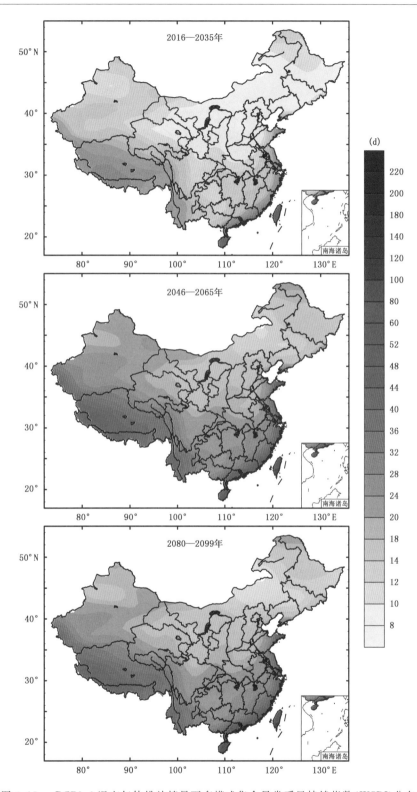

图 4.15a　RCP2.6 温室气体排放情景下多模式集合异常暖昼持续指数（WSDI）分布图

（相对于 1986—2005 年）

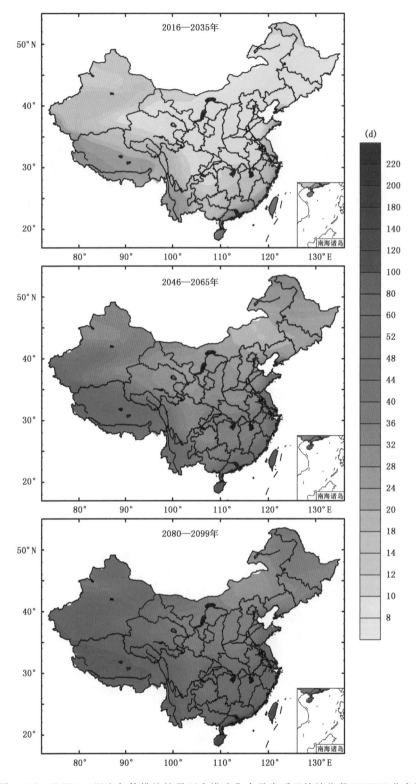

图 4.15b　RCP4.5 温室气体排放情景下多模式集合异常暖昼持续指数（WSDI）分布图

（相对于 1986—2005 年）

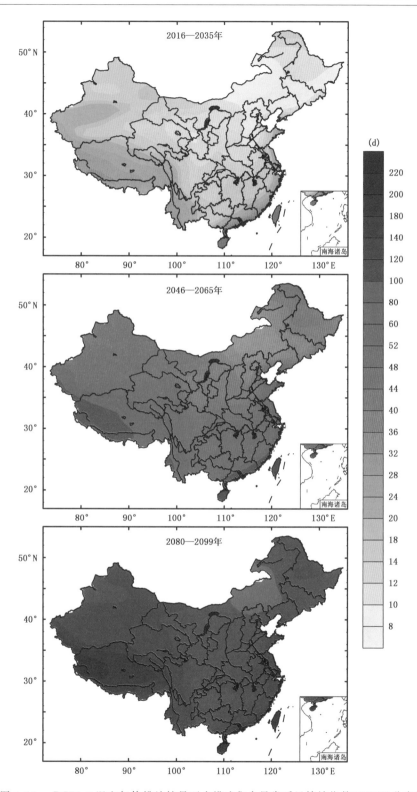

图 4.15c RCP8.5 温室气体排放情景下多模式集合异常暖昼持续指数（WSDI）分布图

（相对于 1986—2005 年）

未来极端气候事件变化预估图集

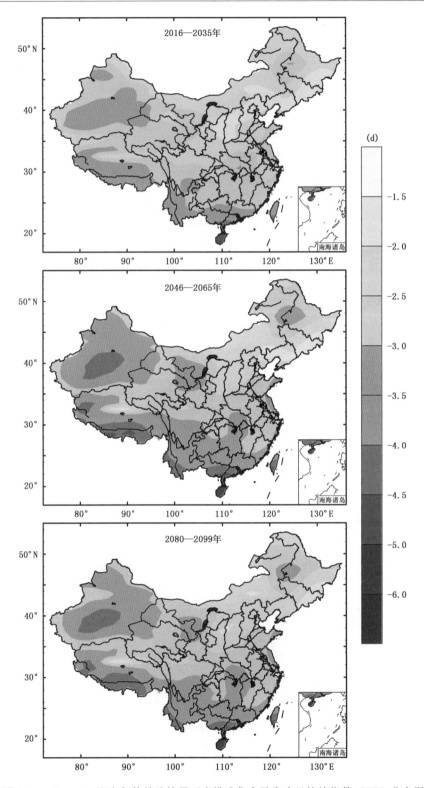

图 4.16a　RCP2.6 温室气体排放情景下多模式集合异常冷昼持续指数(CSDI)分布图

(相对于 1986—2005 年)

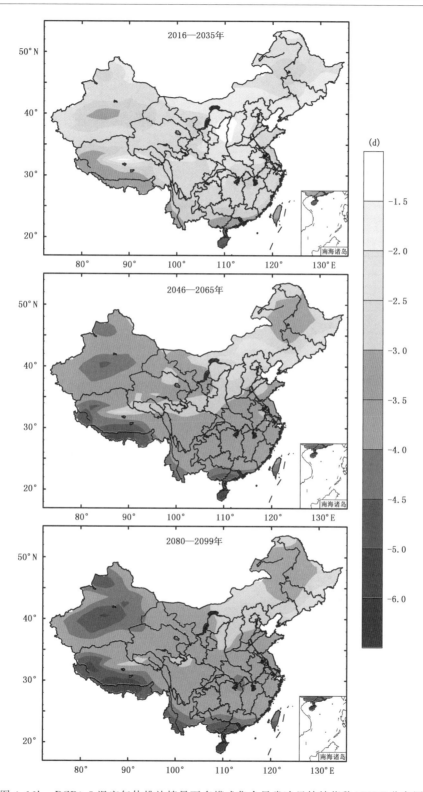

图 4.16b　RCP4.5 温室气体排放情景下多模式集合异常冷昼持续指数(CSDI)分布图

（相对于 1986—2005 年）

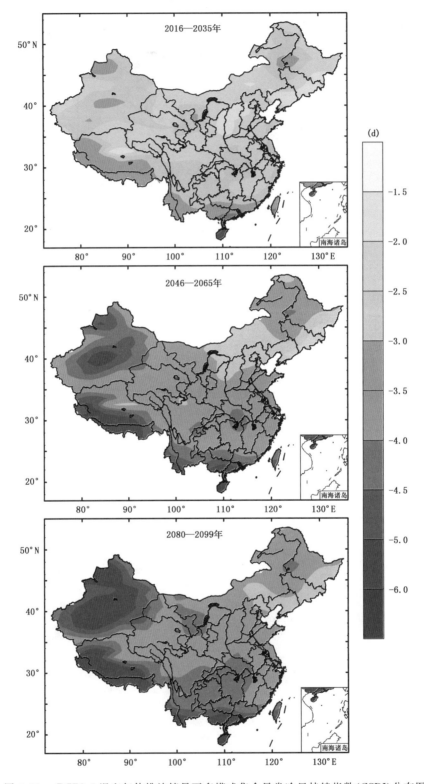

图 4.16c RCP8.5 温室气体排放情景下多模式集合异常冷昼持续指数(CSDI)分布图

（相对于 1986—2005 年）

4.2　降水相关极端气候指数空间变化

图4.17～图4.27为三种不同温室气体排放情景下(RCP2.6、RCP4.5、RCP8.5),不同时期(2016—2035年、2046—2065年、2080—2099年)降水相关极端气候指数的空间变化分布(相对于1986—2005年)。

图4.17a～c是不同温室气体排放情景下多模式集合日最大降水量(RX1day)分布。结果表明,在未来三种排放情景下,相对于1986—2005年,中国不同时期的RX1day都表现为增加。在RCP2.6情景下,2016—2035年,辽宁西北、华北、西北东部、华南东部和西藏南部为高值区域,增加超过40 mm。2046—2065年,增加40 mm的区域从华北扩张到黄淮和东北南部。2080—2099年,高值区域进一步向南部扩张,超过40 mm的区域已经扩展到江淮。RCP4.5情景下,2016—2035年高值区域比RCP2.6情景下范围更大,东北南部、华北、黄淮、江汉、江淮、江南、华南和西藏南部增加超过40 mm。2046—2065年,增加超过40 mm的区域向西延伸到西北东部和西南南部,并且覆盖整个湖南。2080—2099年,增加超过40mm的地区进一步延伸,其中在河南、河北、福建、广东、海南等超过50 mm。在RCP8.5情景下,与RCP4.5情景类似,只是增加的幅度更大。

图4.18a～c是不同温室气体排放情景下多模式集合5日最大降水量(RX5day)分布。结果表明,在未来三种排放情景下,相对于1986—2005年,中国不同时期的RX5day都表现为增加。在RCP2.6情景下,2016—2035年,东北南部、华北、西北东部、西南北部、西藏南部、西南南部及华南以南增加较大,超过75 mm。2046—2065年,高值区域在前一时期的基础上增幅和范围变大,整个西南、华南、江汉和江南变为高值区域,超过75 mm。2080—2099年,高值区域向东扩张,覆盖除山东和江苏以外的东部地区。在RCP4.5情景下,与RCP2.6情景类似,只是2080—2099年增加值较大的区域比RCP2.6情景下范围更大,高值区域出现在华南和西南南部,超过100 mm。RCP8.5情景下,中国不同时期的RX5day的增加比RCP2.6和RCP4.5情景下的增加幅度要小,在2016—2035年,增加幅度在10 mm以下。2046—2065年,增加幅度的大值区主要出现在中国东部和南部地区。在2080—2099年,东部和南部的增加幅度进一步扩大,高值区域出现在西藏南部和云南西部地区,增加幅度超过75 mm。

图4.19a～c是不同温室气体排放情景下多模式集合降水强度指数(SDII)分布。结果表明,相对于1986—2005年,中国在RCP2.6情景下SDII在长江以南和新疆减少,在RCP4.5和RCP8.5情景下,随着时间的推进,中国都增加。在RCP2.6情景下,西北东部、华北、黄淮、西南北部和西藏南部出现高值区域,超过0.4 mm/d。2016—2035年,长江以南、西藏中部和新疆减少,其中沿海多数省份减少超过0.2 mm/d。2046—2065年,高值区域的幅度和范围变大。2080—2099年,继续延续前一时期的趋势。在RCP4.5情景下,2016—2035年,陕西减少,其他区域都增加。2046—2065年,高值区域出现在东北南部、华北、黄淮、江淮、江南北部以及西藏南部,超过0.6 mm/d。2080—2099年,高值区域的幅度和范围进一步增加,黄淮、江汉、江淮、江南北部以及西藏南部增加,超过0.8 mm/d。RCP8.5情景下,高值区域的空间分布与RCP4.5情景类似,只是增加幅度更大。

图4.20a～c是不同温室气体排放情景下多模式集合小雨日数(R1mm)分布。结果表明,在未来三种排放情景下,相对于1986—2005年,中国不同时期的R1mm主要为北方多数区域

增加,南方减少。在 RCP2.6 情景下,2016—2035 年,北方多数区域增加,吉林东部、长江以南、西藏南部和新疆减少,其中广东、江西、重庆和西藏南部部分区域减少超过 7 d。2046—2065 年,中国北方大部分区域增加的幅度变大,吉林东部变为增加,长江以南和新疆低值区域的幅度和范围变小。2080—2099 年,继续延续前一时期的变化趋势。在 RCP4.5 情景下,2016—2035 年,北方基本都是增加,南方减少幅度也变小,但是与 RCP2.6 情景相比增加和减小的高值中心都向西偏移。2046—2065 年,北方增加的幅度和范围变大,长江以南减少幅度和范围变小。2080—2099 年,继续延续前一时期的趋势,长江以南大部分区域减少在 5 d 以内。在 RCP8.5 情景下,与 RCP4.5 情景的空间分布类似,但是随时间的推进,北方增加的幅度更大,而南方进一步减少的幅度也更大。

图 4.21a~c 是不同温室气体排放情景下多模式集合中雨日数(R10mm)分布。结果表明,相对于 1986—2005 年,在 RCP2.6 情景下中国区域的 R10mm 主要为北方增加、长江以南部分区域减少,在 RCP4.5 和 RCP8.5 情景下,随着时间的推进,长江以南多数区域变为增加。在 RCP2.6 情景下,2016—2035 年,西北东部和西藏地区南部增加的幅度较大,增加超过 3 d;长江以南除了海南外减少,其中江南和华南减少的幅度较大,超过 3 d。2046—2065 年,长江以北增加的幅度和范围变大,而江南和华南减少的幅度和范围变小,在 3 d 以内。2080—2099 年,继续延续前一时期的趋势,并且增加较高区域的范围扩大到江南北部和西南。在 RCP4.5 情景下,2016—2035 年,西藏南部、西南、江南东部和华南减少,江淮、江南部分地区和西藏地区出现高值区域。2046—2065 年,中国区域都变为增加,西北中部和西南北部为高值区域,增加日数超过 3 d。2080—2099 年,继续延续前一时期的趋势,增加的幅度和范围都变大。在 RCP8.5 情景下,与 RCP4.5 情景下的变化类似,只是高值的幅度和范围更大,在不同时期,华南东部都减少。

图 4.22a~c 是不同温室气体排放情景下多模式集合大雨日数(R20mm)分布。结果表明,相对于 1986—2005 年,在 RCP2.6 情景下中国不同时期的 R20mm 主要为北方大部分区域增加,新疆和长江以南减少,在 RCP4.5 情景和 RCP8.5 情景下,随着时间的推移,中国都变为增加。在 RCP2.6 情景下,2016—2035 年,江淮西部、西北东部、西南北部和西藏南部为增加的高值中心,超过 1 d。长江以南减少,江南中部和东部为减少的低值中心,减少超过 2 d。2046—2065 年,北方增加的幅度变大,而长江以南减少的幅度变小。2080—2099 年,继续延续前一时期的变化趋势。在 RCP4.5 情景下,2016—2035 年,只有西北东部、新疆和华南南部略有减少,其他区域增加,东北南部、黄淮、江汉、江淮、西南北部以及西藏南部为高值区域,增加超过 1 d。2046—2065 年,中国区域都变为增加,西北中部、西南北部、江南、华南中部为增加的高值区域,超过 1.5 d。2080—2099 年,继续前一时期的趋势,高值区域的幅度和范围继续增加。在 RCP8.5 情景下,2016—2035 年,西北东部、西南东部、西南南部和华南减少。之后两个时期与 RCP4.5 情景下类似,高值区域的幅度和范围更大。

图 4.23a~c 是不同温室气体排放情景下多模式集合持续干期(CDD)分布。结果表明,相对于 1986—2005 年,在未来三种情景下,中国的 CDD 在北方减少,南方增加,且随着时间的推进,南方增加的幅度越来越大,北方减少的幅度越来越大。在 RCP2.6 情景下,2016—2035 年,新疆北部、西藏、江淮、长江以南增加,高值区域位于华南和西藏南部,超过 4 d;北方大部分区域减少,低值区域位于西北中部、西北西部、内蒙古西部,减少超过 8 d。2046—2065 年,长江以南增加的幅度变小,华南高值区域消失,北方减小的幅度变大。2080—2099 年,长江以南

增加,高值中心位于江南和华南西部,增加超过 3 d。北方减少,低值中心位于西北中部和内蒙古。在 RCP4.5 情景下,2016—2035 年,长江以南和西藏南部增加,高值中心位于西藏南部,超过 2 d,北方减少,低值区域位于新疆、内蒙古西部和北部,减少超过 4 d。2046—2065 年,南方多数区域增加在 0~1 d,北方减小的幅度和范围变大。2080—2099 年,继续前一时期的趋势,北方减小,低值区域位于西北西部、内蒙古,减小超过 10 d。在 RCP8.5 情景下,与 RCP4.5 情景类似,随着时间的推进,南方增加的幅度更大,北方减少的幅度也更大。

图 4.24a~c 是不同温室气体排放情景下多模式集合持续湿期(CWD)分布。结果表明,相对于 1986—2005 年,在未来三种排放情景下,中国不同时期 CWD 的变化较小。在 RCP2.6 情景下,2016—2035 年,北方大部分区域增加,高值中心位于西藏中部和西北中部,增加超过 2 d,减少的低值区域位于西藏南部、西南北部、华南等,减少超过 1 d。2046—2065 年,增加的范围扩大,只有新疆西部、西藏南部和西南部分区域减少。2080—2099 年,多数区域与前一时期类似,只是华南转变为减少。在 RCP4.5 情景下,2016—2035 年,北方大部分区域增加,但增加幅度较 RCP2.6 情景下要小,南方减小的区域较 RCP2.6 情景下要大。2046—2065 年,增加的幅度和范围变大,减少的幅度和范围都变小。2080—2099 年,继续延续前一时期的变化趋势。在 RCP8.5 情景下,与 RCP4.5 情景下类似,只是 2016—2035 年减少的幅度和范围更小。2080—2099 年在西南地区减少的幅度和范围更大。

图 4.25a~c 是不同温室气体排放情景下多模式集合强降水量(R95p)分布。结果表明,相对于 1986—2005 年,在 RCP2.6 情景下,随着时间推进,大部分地区 R95p 增加的幅度和范围变大,而减少的幅度和范围变小。在 RCP4.5 和 RCP8.5 情景下,随着时间的推进,中国的 R95p 都增加,高值区域增加的幅度和范围变大。在 RCP2.6 情景下,在西藏南部和西南北部出现增加的高值区域,超过 50 mm;2016—2035 年,新疆和长江以南减少,低值中心位于贵州,减少超过 20 mm。2046—2065 年,北方增加的幅度和范围变大,其中西藏南部和西南北部增加超过60 mm,而长江以南减少的幅度和范围都变小。2080—2099 年,继续延续前一时期的变化趋势,减少的区域只有华南北部,减少在 10 mm 以内。在 RCP4.5 情景下,2016—2035 年,除陕西北部外,中国其他区域都将增加,在西藏南部、西南北部出现增加的高值区域,增加超过40 mm。2046—2065 年,中国增加的幅度变大。2080—2099 年,继续前一时期的变化趋势。在 RCP8.5 情景下,增加的空间分布与 RCP4.5 情景下相似,增加的幅度更大。

图 4.26a~c 是不同温室气体排放情景下多模式集合极端强降水量(R99p)分布。结果表明,相对于 1986—2005 年,在未来三种排放情景下,中国的 R99p,随着时间的推进,增加的幅度和范围都变大。在 RCP2.6 情景下,2016—2035 年,增加的高值区域位于西藏南部、西南北部,超过 50 mm。新疆、西南东部、江南西部和华南西部将减少,低值中心位于贵州一带,减少超过 6 mm。2046—2065 年,中国只有华南西部减少,其他区域增加的幅度和范围变大。2080—2099 年,继续延续前一时期的变化趋势,并且减少的区域消失。在 RCP4.5 情景下,2016—2035 年,中国增加,高值区域位于西藏南部、西南北部、江淮和江南。2046—2065 年,高值区域增加的幅度和范围变大。2080—2099 年,继续前一时期的变化趋势。在 RCP8.5 情景下,空间分布与 RCP4.5 情景下相似,只是南方增加幅度更大。

图 4.27a~c 是不同温室气体排放情景下多模式集合湿日总降水量(PRCPTOT)分布。结果表明,相对于 1986—2005 年,在 RCP2.6 情景下,中国不同时期的 PRCPTOT 主要为北方大部分区域增加,新疆和长江以南减少,在 RCP4.5 和 RCP8.5 情景下,随着时间的推移,整

个中国都变为增加。在 RCP2.6 情景下,2016—2035 年,增加的高值区域位于西北东部、西藏南部,超过 80 mm,而新疆和长江以南减少,低值区域位于华南北部和江南南部,减少超过 100 mm。2046—2065 年,高值区域增加的幅度和范围变大,而低值区域减少的幅度和范围都变小。2080—2099 年,继续前一时期的变化趋势。在 RCP4.5 情景下,2016—2035 年,西北东部、西藏南部、西南南部和华南将减少,其他区域增加。2046—2065 年,增加的高值区域位于西藏南部、西南北部及东北南部,减少超过 80 mm 的区域消失。2080—2099 年,继续前一时期的增加趋势,高值区域位于西藏南部、西南、江汉和江淮西部,超过 120 mm。在 RCP8.5 情景下,2016—2035 年,西北东部、西南、江南和华南减少,低值中心位于西南南部、华南东部。其他两个时期与 RCP4.5 情景类似,只是增加的幅度和范围更大。

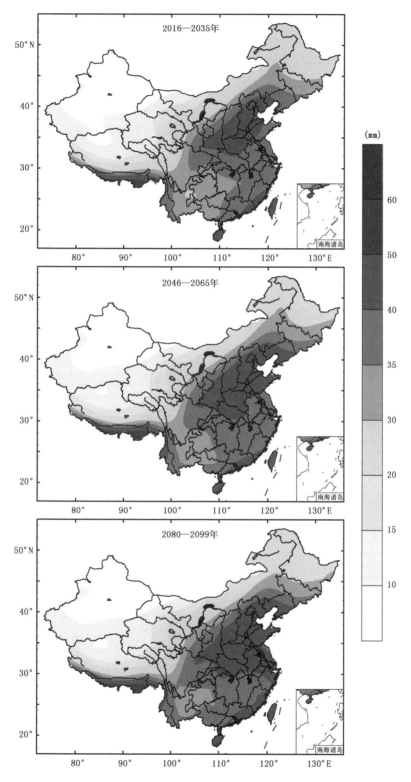

图 4.17a   RCP2.6 温室气体排放情景下多模式集合日最大降水量（RX1day）分布图

（相对于 1986—2005 年）

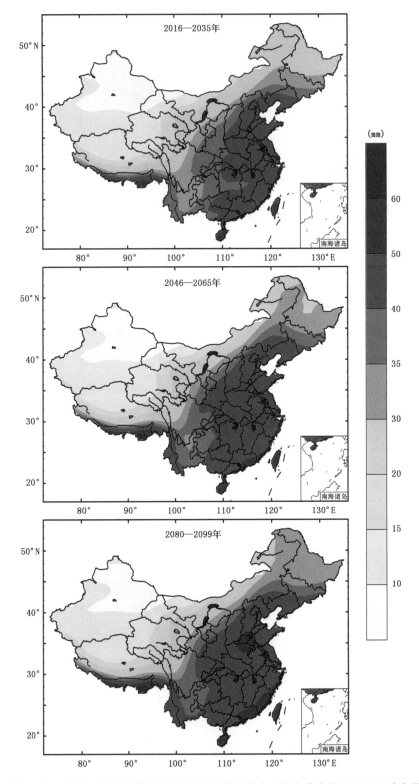

图 4.17b　RCP4.5 温室气体排放情景下多模式集合日最大降水量(RX1day)分布图
(相对于 1986—2005 年)

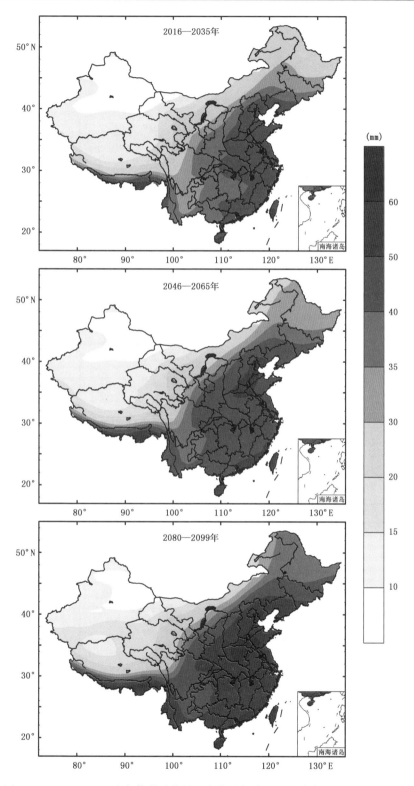

图 4.17c RCP8.5 温室气体排放情景下多模式集合日最大降水量(RX1day)分布图

(相对于 1986—2005 年)

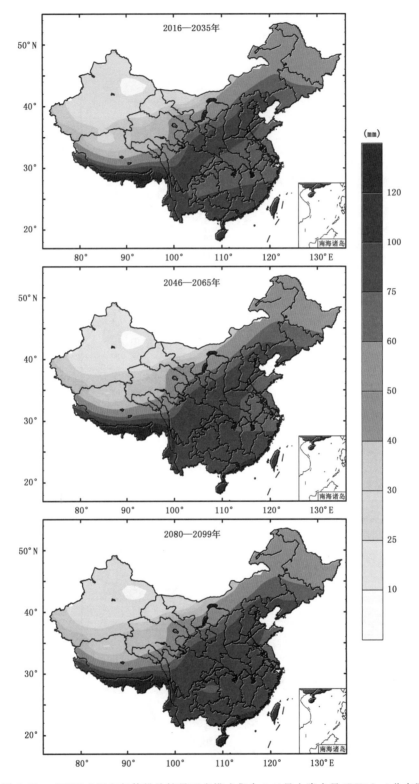

图 4.18a　RCP2.6温室气体排放情景下多模式集合5日最大降水量(RX5day)分布图

(相对于 1986—2005 年)

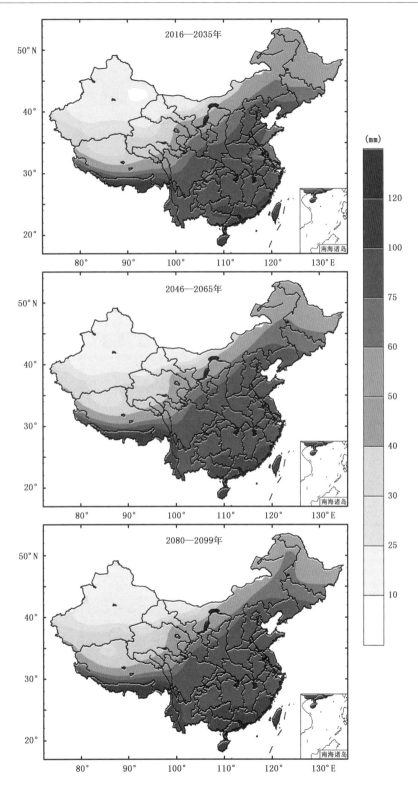

图 4.18b RCP4.5 温室气体排放情景下多模式集合 5 日最大降水量(RX5day)分布图
（相对于 1986—2005 年）

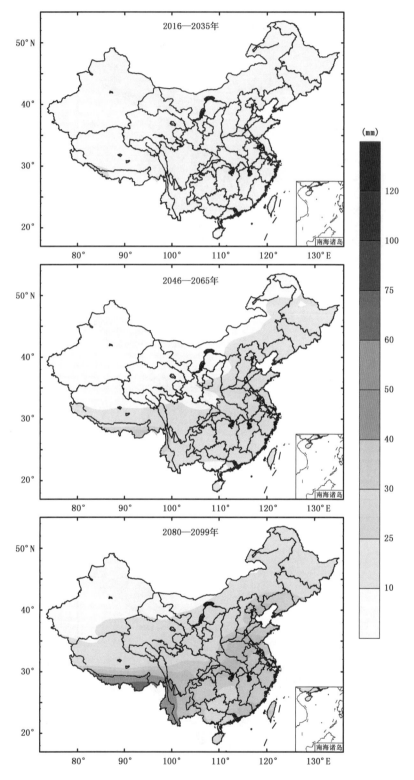

图 4.18c　RCP8.5 温室气体排放情景下多模式集合 5 日最大降水量(RX5day)分布图

（相对于 1986—2005 年）

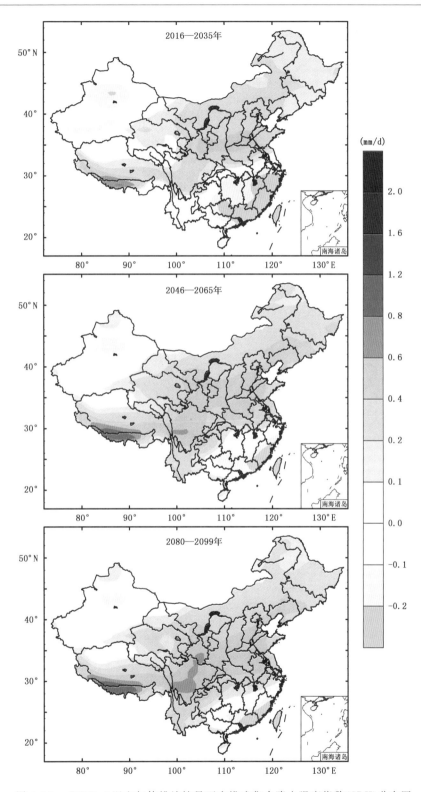

图 4.19a RCP2.6 温室气体排放情景下多模式集合降水强度指数（SDII）分布图

（相对于 1986—2005 年）

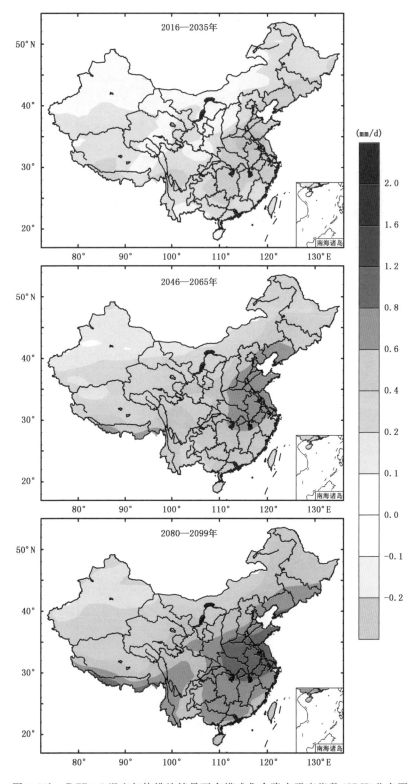

图 4.19b   RCP4.5 温室气体排放情景下多模式集合降水强度指数(SDII)分布图
(相对于 1986—2005 年)

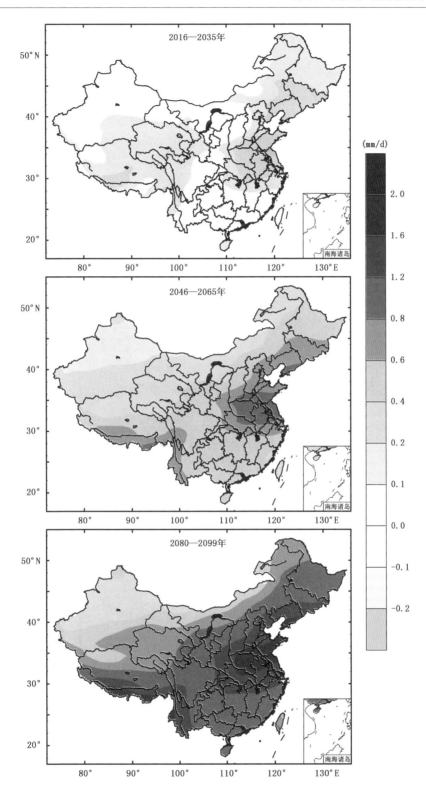

图 4.19c　RCP8.5 温室气体排放情景下多模式集合降水强度指数（SDII）分布图

（相对于 1986—2005 年）

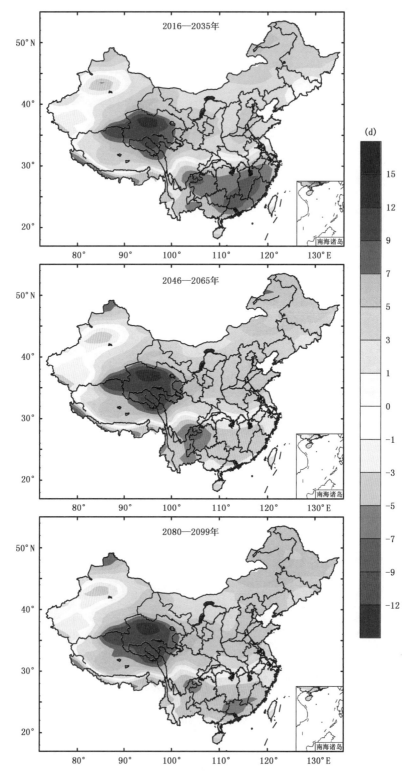

图 4.20a　RCP2.6 温室气体排放情景下多模式集合小雨日数（R1mm）分布图
（相对于 1986—2005 年）

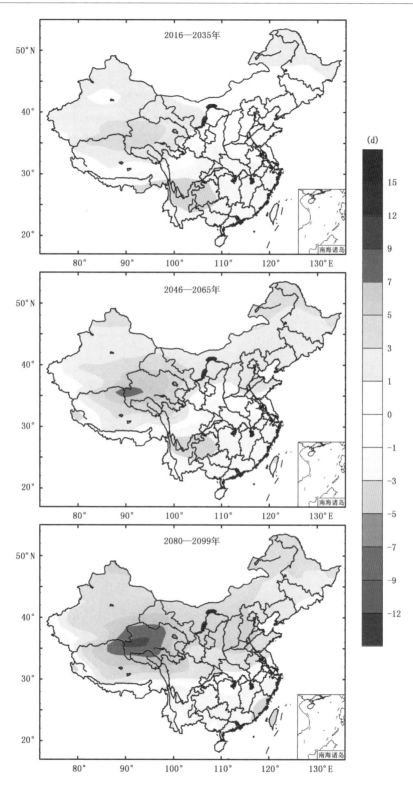

图 4.20b　RCP4.5温室气体排放情景下多模式集合小雨日数(R1mm)分布图

（相对于 1986—2005 年）

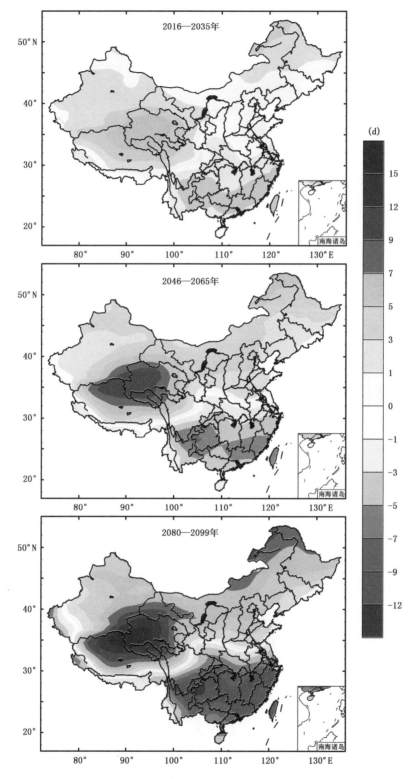

图 4.20c RCP8.5 温室气体排放情景下多模式集合小雨日数(R1mm)分布图
（相对于 1986—2005 年）

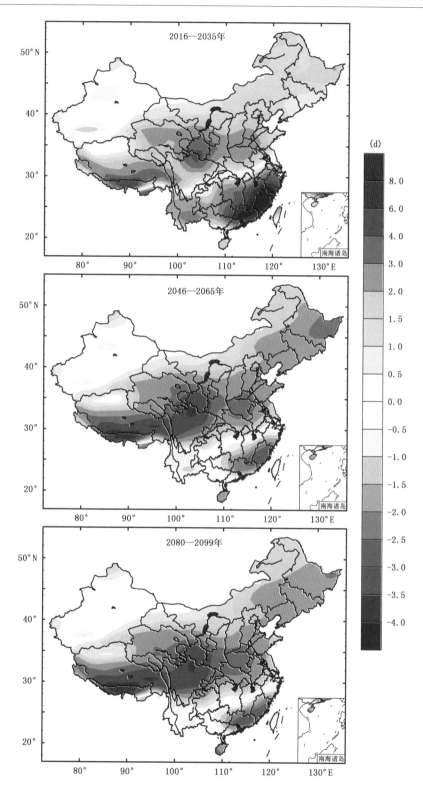

图 4.21a　RCP2.6 温室气体排放情景下多模式集合中雨日数(R10mm)分布图
（相对于 1986—2005 年）

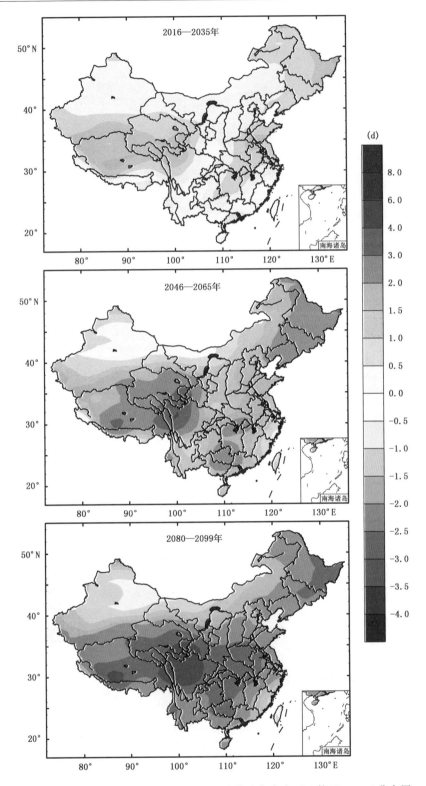

图 4.21b　RCP4.5 温室气体排放情景下多模式集合中雨日数(R10mm)分布图
(相对于 1986—2005 年)

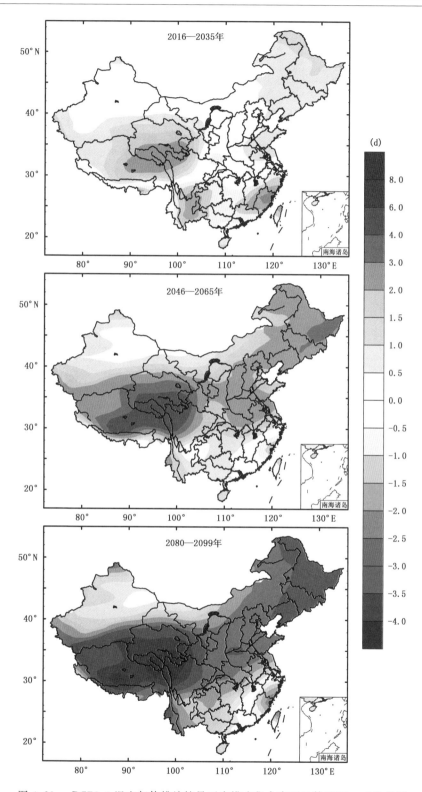

图 4.21c　RCP8.5 温室气体排放情景下多模式集合中雨日数(R10mm)分布图

（相对于 1986—2005 年）

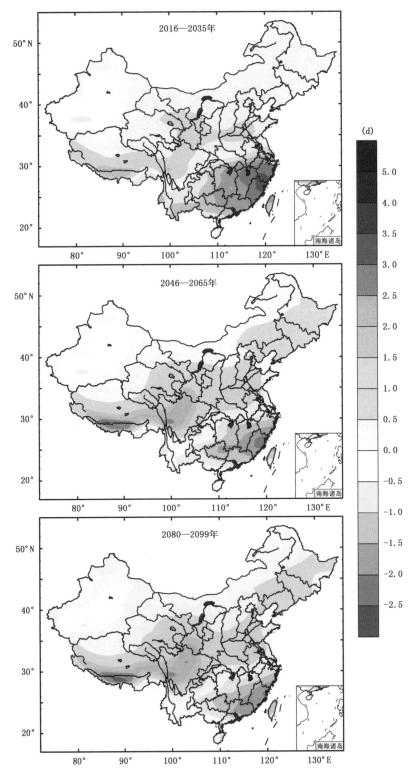

图 4.22a　RCP2.6 温室气体排放情景下多模式集合大雨日数(R20mm)分布图
（相对于 1986—2005 年）

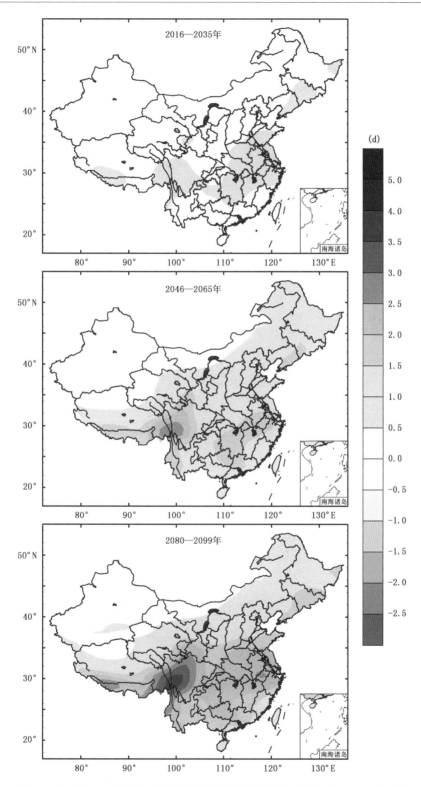

图 4.22b RCP4.5 温室气体排放情景下多模式集合大雨日数(R20mm)分布图

(相对于 1986—2005 年)

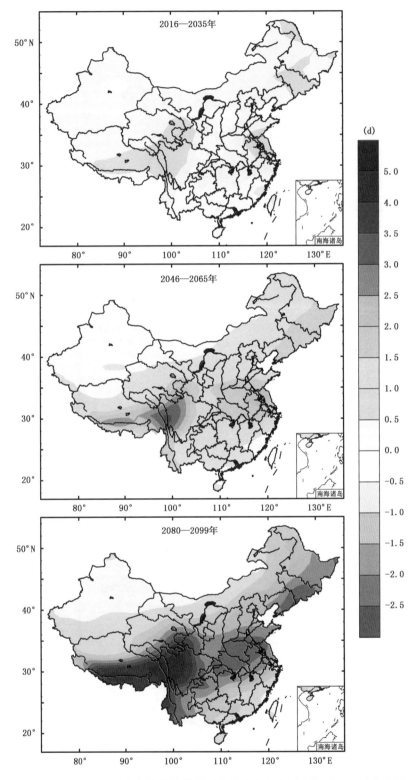

图4.22c　RCP8.5温室气体排放情景下多模式集合大雨日数(R20mm)分布图

（相对于1986—2005年）

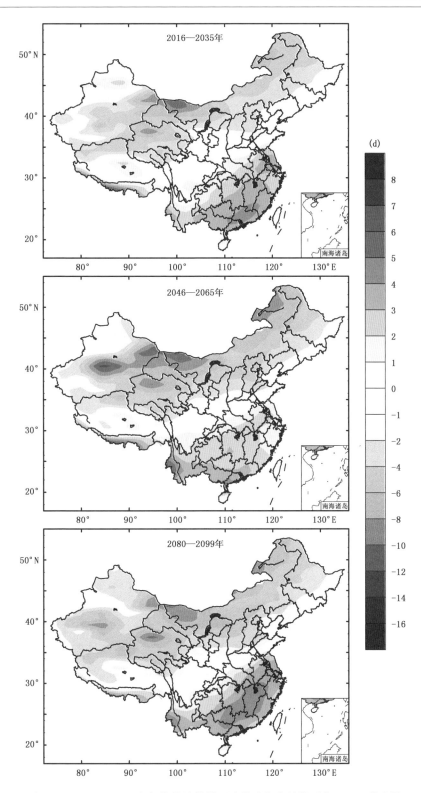

图 4.23a　RCP2.6 温室气体排放情景下多模式集合持续干期(CDD)分布图

(相对于 1986—2005 年)

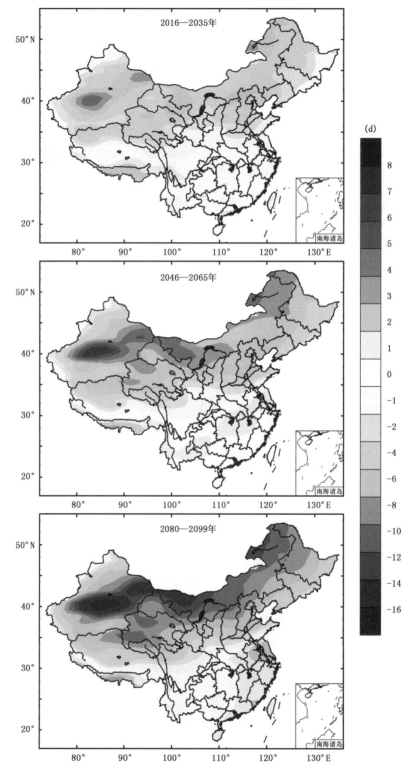

图 4.23b　RCP4.5 温室气体排放情景下多模式集合持续干期(CDD)分布图

(相对于 1986—2005 年)

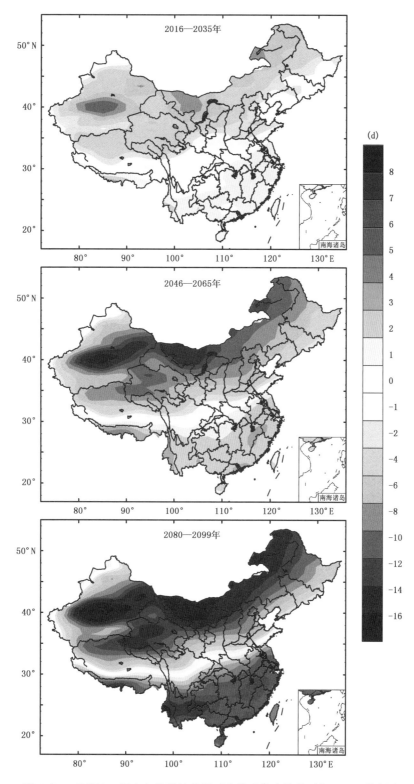

图 4.23c　RCP8.5 温室气体排放情景下多模式集合持续干期(CDD)分布图

(相对于 1986—2005 年)

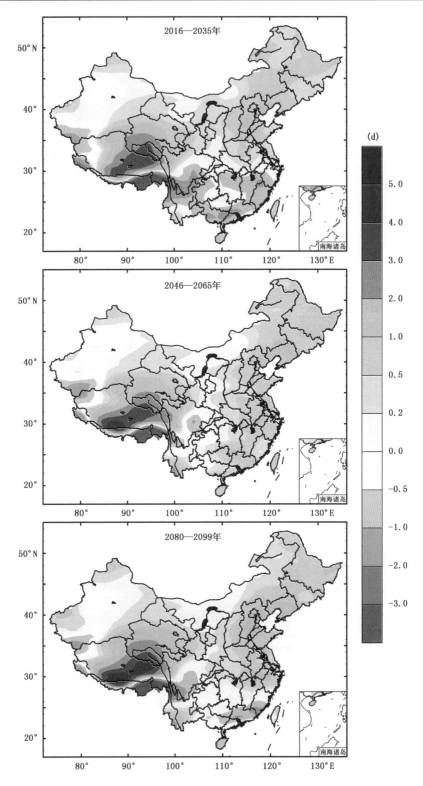

图 4.24a　RCP2.6 温室气体排放情景下多模式集合持续湿期(CWD)分布图

(相对于 1986—2005 年)

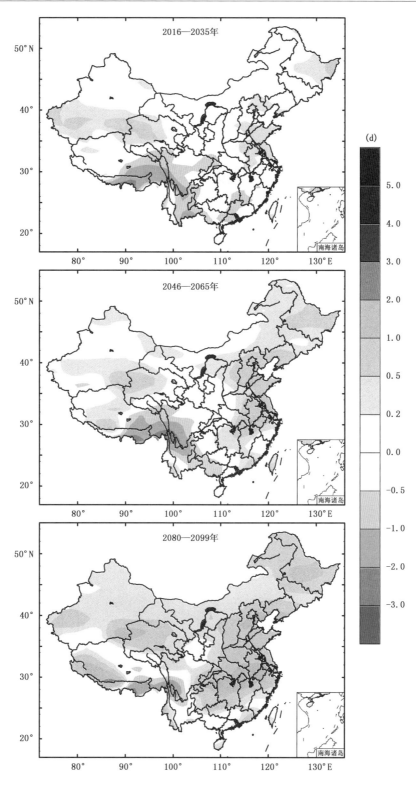

图 4.24b RCP4.5 温室气体排放情景下多模式集合持续湿期(CWD)分布图

（相对于 1986—2005 年）

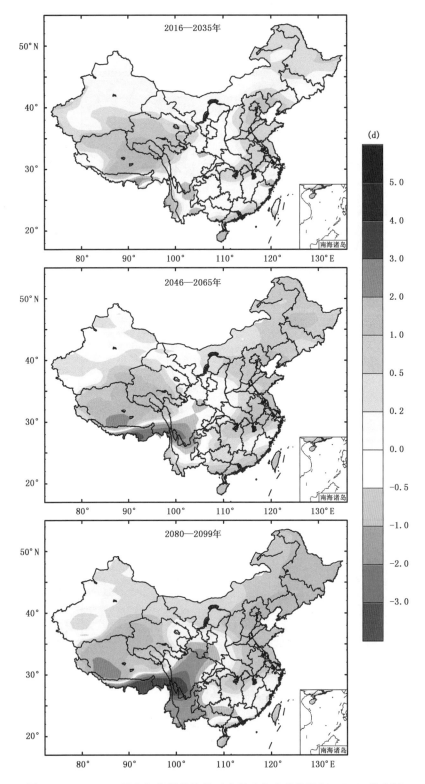

图 4.24c　RCP8.5 温室气体排放情景下多模式集合持续湿期(CWD)分布图

（相对于 1986—2005 年）

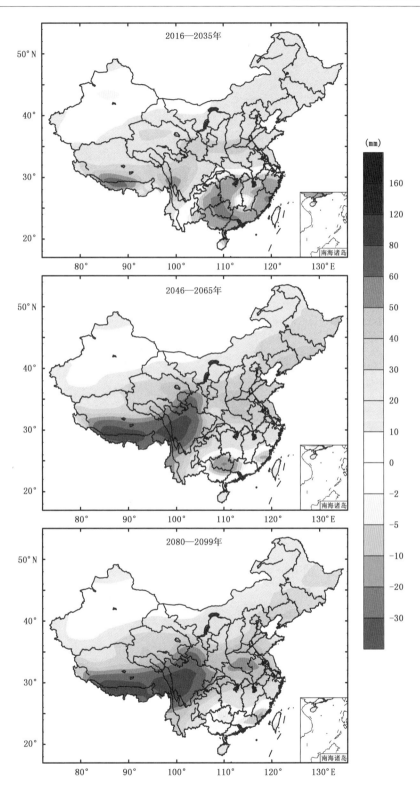

图 4.25a　RCP2.6 温室气体排放情景下多模式集合强降水量(R95p)分布图

(相对于 1986—2005 年)

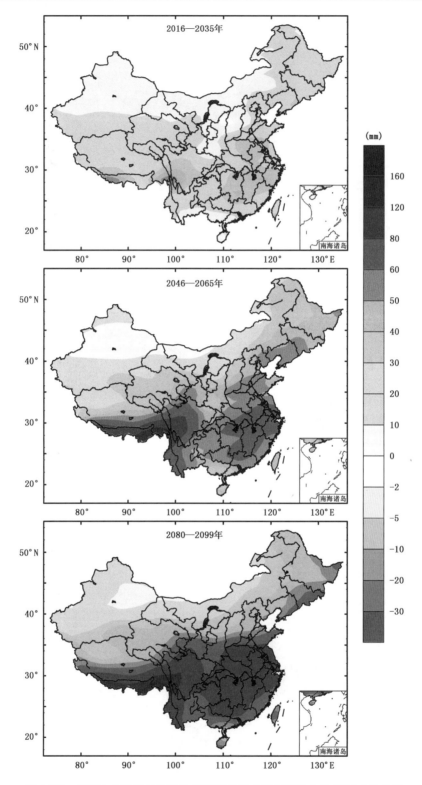

图 4.25b RCP4.5 温室气体排放情景下多模式集合强降水量(R95p)分布图
(相对于 1986—2005 年)

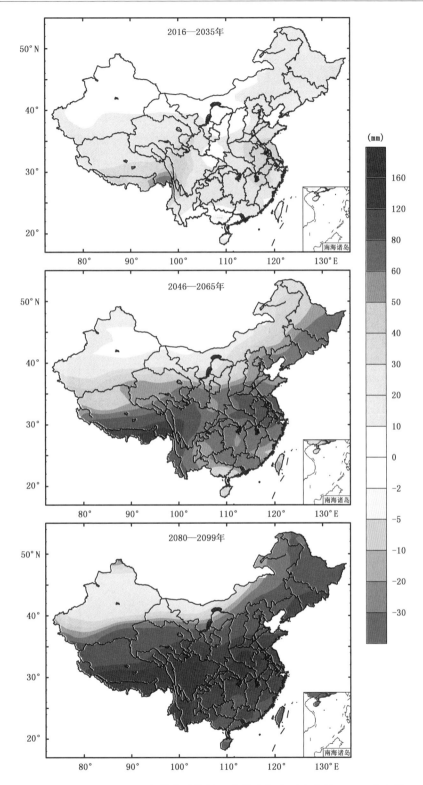

图 4.25c　RCP8.5 温室气体排放情景下多模式集合强降水量(R95p)分布图

(相对于 1986—2005 年)

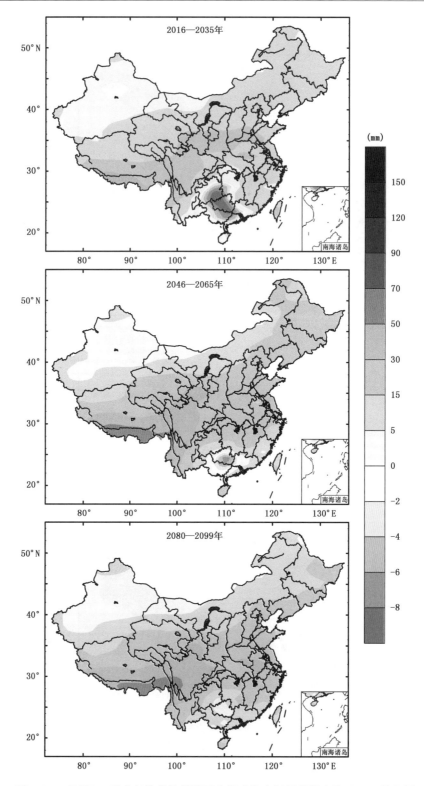

图 4.26a RCP2.6 温室气体排放情景下多模式集合极端强降水量（R99p）分布图

（相对于 1986—2005 年）

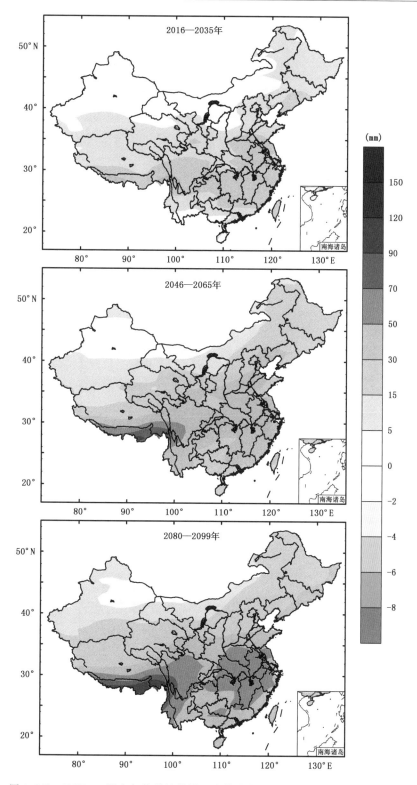

图 4.26b　RCP4.5 温室气体排放情景下多模式集合极端强降水量(R99p)分布图

(相对于 1986—2005 年)

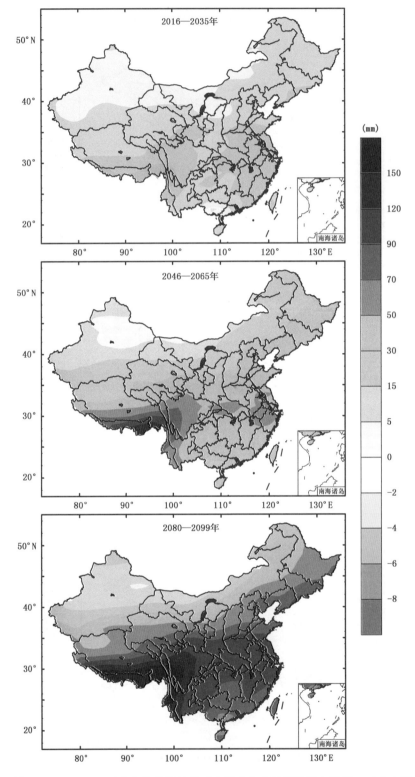

图 4.26c RCP8.5 温室气体排放情景下多模式集合极端强降水量(R99p)分布图
（相对于 1986—2005 年）

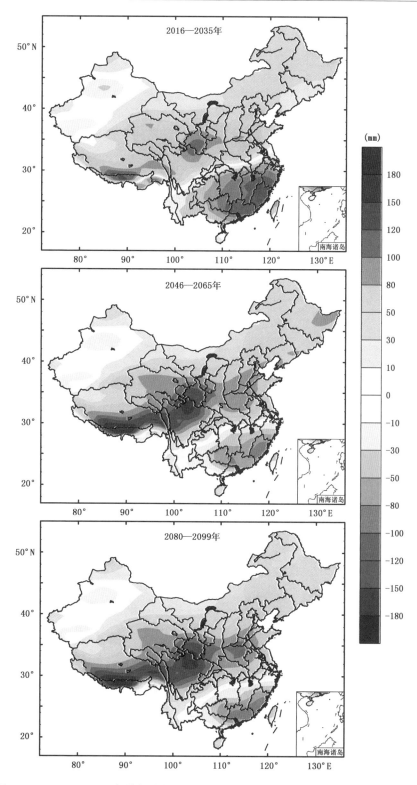

图 4.27a　RCP2.6 温室气体排放情景下多模式集合湿日总降水量(PRCPTOT)分布图

(相对于 1986—2005 年)

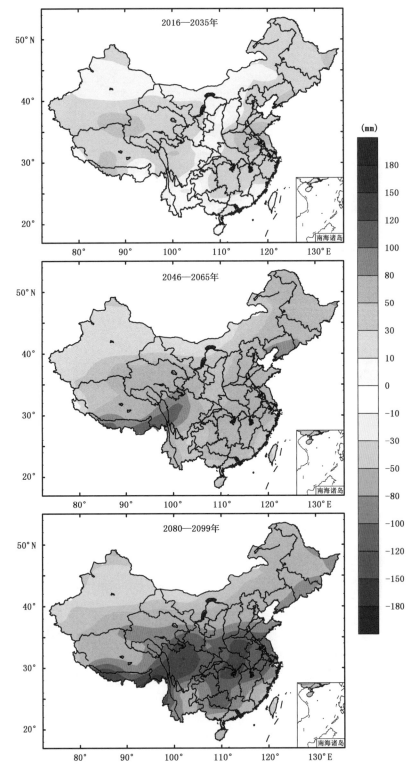

图 4.27b　RCP4.5 温室气体排放情景下多模式集合湿日总降水量（PRCPTOT）分布图
（相对于 1986—2005 年）

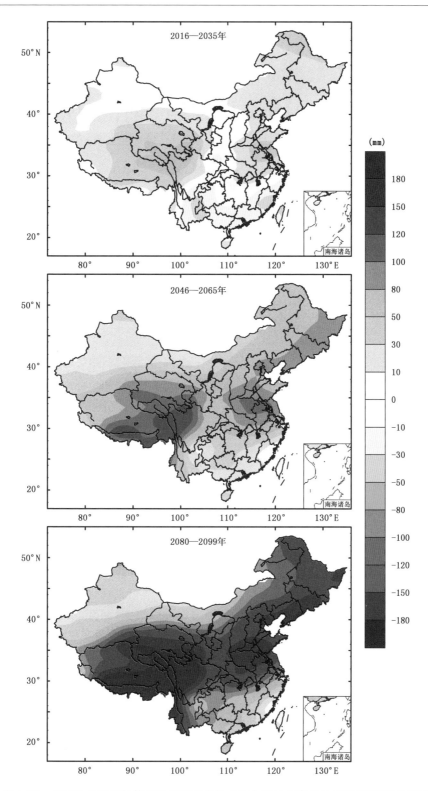

图 4.27c RCP8.5 温室气体排放情景下多模式集合湿日总降水量(PRCPTOT)分布图

(相对于 1986—2005 年)

第5章 中国极端气候预估的不确定性

摘 要

本章利用 22 个全球气候模式的模拟结果,给出不同温室气体排放情景下,21 世纪近期(2016—2035 年)、中期(2046—2065 年)和后期(2080—2099 年)中国及其 8 个不同分区的 27 个极端气候指数变化的不确定范围,包括中值和 25%～75%的范围。

5.1 温度相关极端气候指数的不确定性

图 5.1 是未来不同时期中国(CN)及其各分区日最高温度最高值(TXx)变化和不确定性分布。结果表明,相对于 1986—2005 年,在 RCP2.6 情景下,中国平均的 TXx 在 21 世纪近期、中期和后期略有上升,模式的一致性较高,平均在 1℃左右。RCP4.5 和 RCP8.5 情景下,中国平均的 TXx 在 21 世纪均呈较为明显的上升趋势,且在高排放情景下上升趋势更加明显。RCP8.5 情景下,中国平均的 TXx 在 21 世纪后期增加为 4.2～6.1℃。中国各分区的 TXx 在 21 世纪表现出与整个中国平均相似的变化趋势,NWC、NC、NEC 和 CC 地区的上升趋势最大。此外,相比较来说,较高排放情景下比低排放情景下变化的不确定性范围更大,趋势变化明显的地区较趋势变化较小的地区不确定性更大。不同时间段相比,2016—2035 年的不确定性较小。

图 5.2 是未来不同时期中国及其各分区日最低温度最高值(TNx)变化和不确定性分布。结果表明,相对于 1986—2005 年,三种不同排放情景下,中国平均的 TNx 在 21 世纪均呈上升趋势,且在较高排放情景下上升趋势更加明显。在 RCP8.5 情景下,中国平均的 TNx 在 21 世纪后期增加为 4.0～5.8℃。中国不同分区的 TNx 在 21 世纪表现出与整个中国平均相似的变化特征。在较高排放情景下,TNx 变化的不确定性范围更大,趋势变化明显的地区较趋势变化不明显地区的不确定性更大,不同时期相比,近期比后期的不确定要小。

图 5.3 是未来不同时期中国及其各分区日最高温度最低值(TXn)变化和不确定性分布图。结果表明,相对于 1986—2005 年,三种不同排放情景下,中国平均的 TXn 在 21 世纪均呈上升的趋势,且在较高情景下上升趋势更加明显。RCP8.5 情景下,中国平均的 TXn 在 21 世纪后期上升约 4.5～6.0℃。中国各分区的 TXn 在 21 世纪表现出与整个中国平均相似的变化特征。在较高排放情景下,TXn 的不确定性范围更大,比较而言,NEC 的不确定范围较大。

图 5.4 是未来不同时期中国及其各分区日最低温度最低值(TNn)变化和不确定性分布。结果表明,相对于 1986—2005 年,在 RCP2.6 情景下,中国平均的 TNn 在 21 世纪近、中期略有增加,在后期则略有减少,总体无明显的变化。在 RCP4.5 和 RCP8.5 情景下,中国平均的 TNn 在 21 世纪均呈增加的趋势,且在较高排放情景下趋势更加明显,其中 RCP8.5 情景下,

中国平均的 TNn 在 21 世纪后期增加为 5.5~6.7℃。中国各分区的 TNn 在 21 世纪表现出与整个中国平均相似的变化特征,不同分区间差异较小。此外,在较高排放情景下,TNn 的不确定性范围更大,趋势变化明显地区较趋势变化不明显地区的不确定性更大。

图 5.5 是未来不同时期中国及其各分区冷夜指数(TN10p)变化和不确定性分布。结果表明,相对于 1986—2005 年,在 RCP2.6 情景下,中国平均的 TN10p 在 21 世纪近期、中期和后期略有减少。RCP4.5 和 RCP8.5 情景下,中国平均的 TN10p 在 21 世纪均呈较为明显的减少趋势。RCP8.5 情景下,中国平均的 TN10p 在 21 世纪后期减少 7.3~8.4 d。中国各分区的 TN10p 在 21 世纪表现出与整个中国平均的 TN10p 相似的变化特征,不同分区间差异较小。此外,在不同地区不同排放情景下,TN10p 的不确定性范围相近。

图 5.6 是未来不同时期中国及其各分区暖夜指数(TN90p)变化和不确定性分布。结果表明,相对于 1986—2005 年,三种不同排放情景下,中国平均的 TN90p 在 21 世纪均呈增加的变化趋势,且在较高排放情景下增加的趋势更加明显。在 RCP8.5 情景下,中国平均的 TN90p 在 21 世纪后期增加为 44~62 d。中国各分区的 TN90p 在 21 世纪表现出与整个中国平均的 TN90p 相似的变化特征,不同分区间差异较小。此外,在较高排放情景下,TN90p 的不确定性范围更大,趋势变化明显地区较趋势变化不明显地区的不确定性更大。

图 5.7 是未来不同时期中国及其各分区冷昼指数(TX10p)变化和不确定性分布。结果表明,三种不同排放情景下,中国平均的 TX10p 在 21 世纪均呈减少的变化趋势,且在较高情景下减少趋势更加明显。RCP8.5 情景下,中国平均的 TX10p 在 21 世纪后期减少为 7.3~9.1 d。中国各分区的 TX10p 在 21 世纪表现出与整个中国平均的 TX10p 相似的变化特征,在不同地区不同排放情景下,TX10p 的不确定性范围相近。

图 5.8 是未来不同时期中国及其各分区暖昼指数(TX90p)变化和不确定性分布。结果表明,相对于 1986—2005 年,三种不同排放情景下,中国平均的 TX90p 在 21 世纪均呈增加的变化趋势,且在较高情景下趋势更加明显。RCP8.5 情景下,中国平均的 TX90p 在 21 世纪后期增加为 34~56 d。中国各分区的 TX90p 在 21 世纪表现出与整个中国平均的 TX90p 相似的变化特征,在较高排放情景下,TX90p 的不确定性范围更大。

图 5.9 是未来不同时期中国及其各分区温度日较差(DTR)变化和不确定性分布。结果表明,相对于 1986—2005 年,在三种不同 RCP 情景下,中国平均的 DTR 在 21 世纪近期、中期、后期均无明显变化,其不确定性随排放浓度的增高而增大。从各分区的变化来看,多数分区的变化也不显著。在 RCP8.5 情景下,NEC、NWC、SWC1、NC 的 DTR 略有减少,变化幅度大于 RCP2.6 和 RCP4.5 情景。相比其他分区的变化,NEC 的减小幅度最大,至 21 世纪后期,NEC 的 DTR 在 RCP8.5 情景下约降低 0.5℃,变化的不确定范围为 -0.2~-0.7℃。CC、SWC2、SC、EC 的 DTR 略有增加,在 RCP8.5 情景下变化幅度大于 RCP2.6 和 RCP4.5 情景。相比其他分区 DTR 的变化,CC 的增加幅度最大,至 21 世纪后期,预估 CC 的 DTR 在 RCP8.5 情景下将升高 0.4℃,不确定范围为 0~0.7℃。在较高排放情景下,DTR 的不确定范围更大,在 21 世纪中期、后期变化的不确定性大于近期。

图 5.10 是未来不同时期中国及其各分区生长季长度(GSL)变化和不确定性分布。结果表明,相对于 1986—2005 年,模式预估 21 世纪中国平均的 GSL 呈明显增加趋势,RCP8.5 情景下,增幅最显著,在 21 世纪后期的变化幅度高于 21 世纪近期和中期,中国平均的 GSL 在 RCP8.5 情景下增幅为 35~45 d,RCP2.6 情景下,增幅最小。中国各分区的 GSL 在 21 世纪

表现出与整个中国区域相似的变化特征,其中 NEC、NWC、NC、SWC1 增加的变化趋势最明显,而 SWC2、SC 的变化趋势较弱。此外,在较高排放情景下,GSL 的不确定性范围更大,趋势变化明显地区较趋势变化不明显地区的不确定性更大。

图 5.11 是未来不同时期中国及其各分区霜冻日数(FD)变化和不确定性分布。结果表明,相对于 1986—2005 年,三种不同排放情景下,中国平均的 FD 在 21 世纪均呈减少趋势,且在较高排放情景下减少趋势更加明显,其中 RCP2.6 情景下变化不大,RCP8.5 情景下 FD 在 21 世纪后期减少为 35~50 d。中国各分区的 FD 在 21 世纪表现出与整个中国平均的 FD 相似的变化特征,其中 NWC、NC、SWC1 减少的变化趋势最明显,而 SC 减少的变化趋势较小。此外,在较高排放情景下,FD 变化的不确定性范围更大,西部地区的不确定要高于东部地区。

图 5.12 是未来不同时期中国及其各分区冰冻日数(ID)变化和不确定性分布。结果表明,相对于 1986—2005 年,三种不同排放情景下,中国平均的 ID 在 21 世纪均呈减少趋势,且在较高排放情景下减少趋势更加明显,其中 RCP8.5 情景下,中国平均的 ID 在 21 世纪后期减少为 30~45 d。中国各分区的 ID 在 21 世纪表现出与整个中国平均的 ID 相似的变化特征,其中 NEC、NWC、NC、SWC1 减少的变化趋势最明显,而 SWC2、SC 基本无变化。此外,在较高排放情景下,ID 的不确定性范围更大,趋势变化明显地区较趋势变化不明显地区的不确定性更大。

图 5.13 是未来不同时期中国及其各分区夏季日数(SU)变化和不确定性分布。结果表明,相对于 1986—2005 年,三种不同排放情景下,中国平均 SU 在 21 世纪均呈增加的趋势,且在较高排放情景下增加趋势更加明显,其中 RCP8.5 情景下,中国平均的 SU 在 21 世纪后期增加为 35~48 d。中国各分区的 SU 在 21 世纪表现出与整个中国平均的 SU 相似的变化特征,其中 SWC2、SC 增加的变化趋势最明显,而 SWC1 的变化趋势较弱。此外,在较高排放情景下,SU 的不确定性范围更大,趋势变化明显地区较趋势变化不明显地区的不确定性更大。

图 5.14 是未来不同时期中国及其各分区热带夜数(TR)变化和不确定性分布。结果表明,相对于 1986—2005 年,三种不同排放情景下,中国平均的 TR 在 21 世纪均呈增加的趋势,且在较高排放情景下增加趋势更加明显,其中 RCP8.5 情景下,中国平均的 TR 在 21 世纪后期增加为 26~43 d。中国各分区的 TR 在 21 世纪表现出与整个中国平均的 TR 相似的变化特征,其中 SWC2、SC 增加的变化趋势最明显,而 SWC1、NWC 的变化趋势较弱。此外,在较高排放情景下,TR 的不确定性范围更大,趋势变化明显地区较趋势变化不明显地区的不确定性更大。

图 5.15 是未来不同时期中国及其各分区异常暖昼持续指数(WSDI)变化和不确定性分布。结果表明,相对于 1986—2005 年,三种不同排放情景下,中国平均的 WSDI 在 21 世纪均呈增加的趋势,且在较高排放情景下增加趋势更加明显,其中 RCP8.5 情景下,中国平均的 WSDI 在 21 世纪后期增加为 89~191 d。中国各分区的 WSDI 在 21 世纪表现出与整个中国平均的 WSDI 相似的变化特征,不同分区间差异较小。此外,在较高排放情景下,WSDI 的不确定性范围更大,尤其在 NWC 和 NEC 地区,趋势变化明显地区较趋势变化不明显地区的不确定性更大。

图 5.16 是未来不同时期中国及其各分区异常冷昼持续指数(CSDI)变化和不确定性分布。结果表明,相对于 1986—2005 年,三种不同排放情景下,中国平均的 CSDI 在 21 世纪均呈减少的趋势,且在较高排放情景下减少趋势更加明显,其中 RCP8.5 情景下,中国平均的 CSDI 在 21 世纪后期减少为 3.7~5.3 d。中国各分区的 CSDI 在 21 世纪表现出与整个中国平均的 CSDI 相似的变化特征,不同分区间差异较小。此外,在不同地区不同排放情景下,CSDI 的不确定性范围相近。

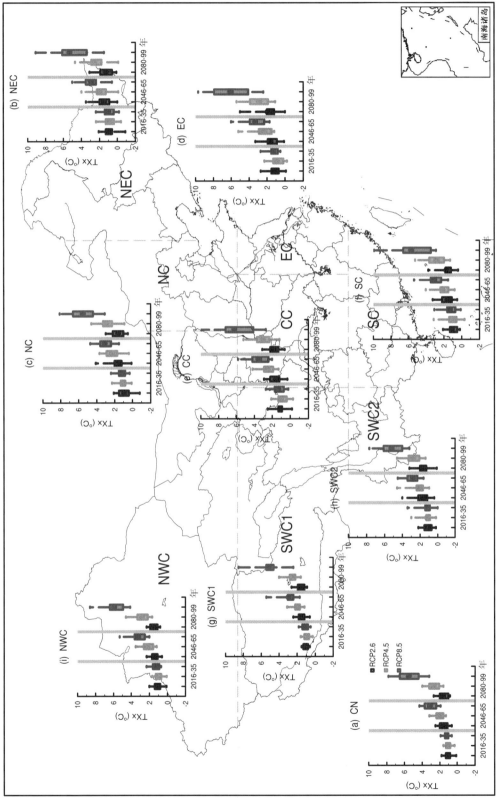

图5.1 未来不同时期中国及其各分区日最高温度最高值（TXx）变化和不确定性分布图
（相对于1986—2005年）

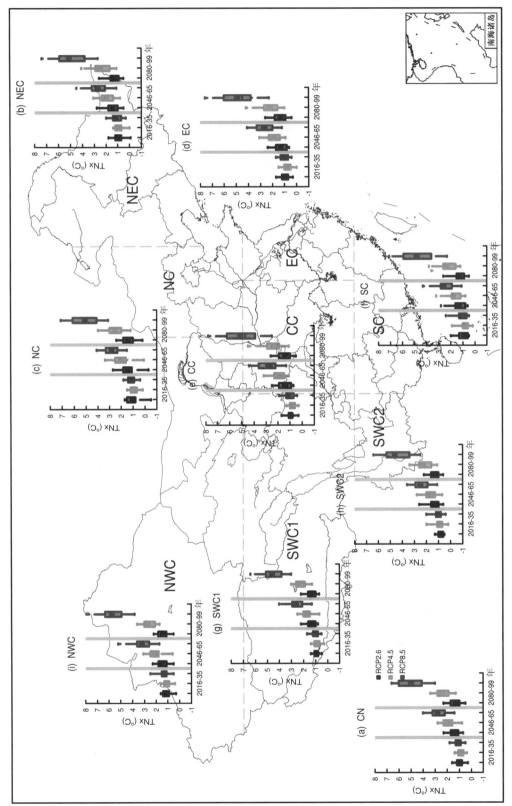

图5.2 未来不同时期中国及其各分区日最低温度最高值（TNx）变化和不确定性分布
（相对于1986—2005年）

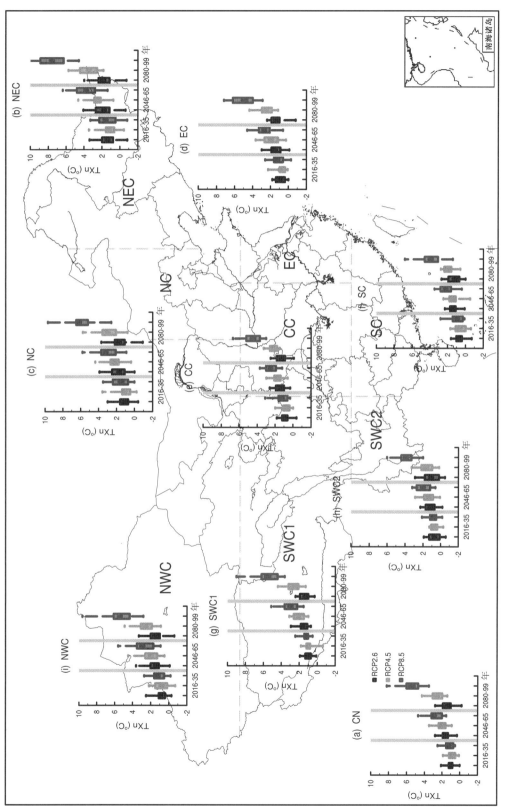

图5.3 未来不同时期中国及其各分区日最高温度最低值（TXn）变化和不确定性分布图
（相对于1986—2005年）

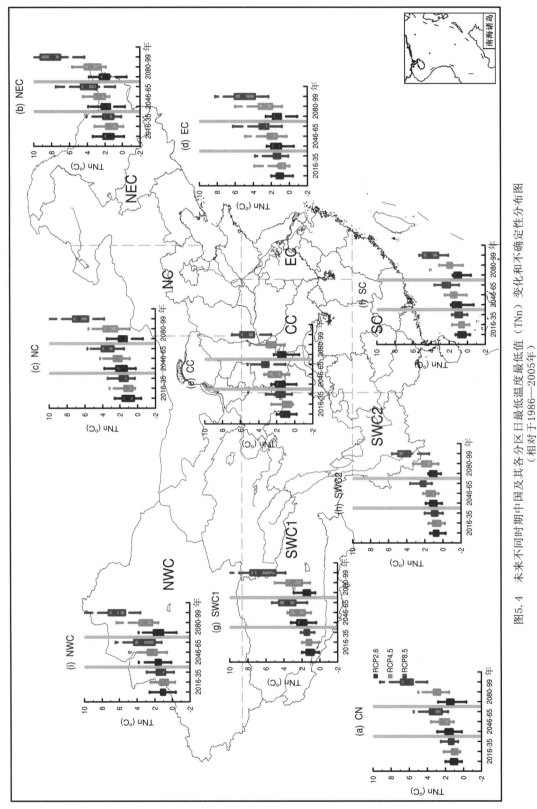

图5.4 未来不同时期中国及其各分区日最低温度最低值（TNn）变化和不确定性分布图
（相对于1986—2005年）

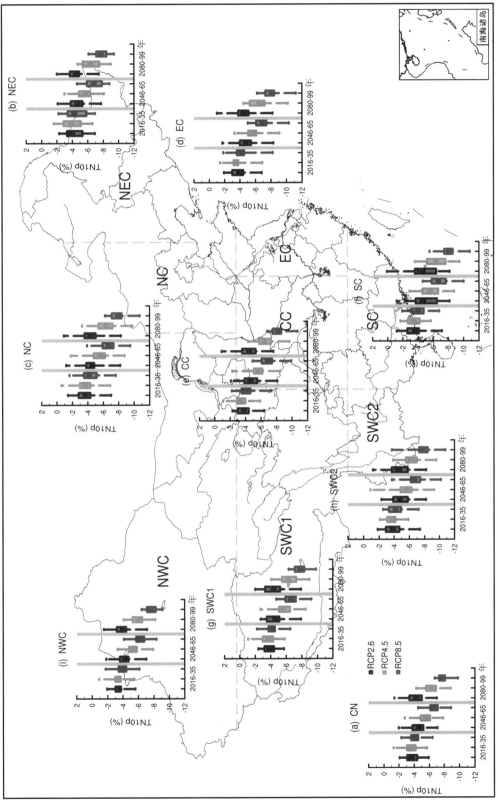

图5.5 未来不同时期中国及其各分区冷夜指数（TN10p）变化和不确定性分布图（相对于1986—2005年）

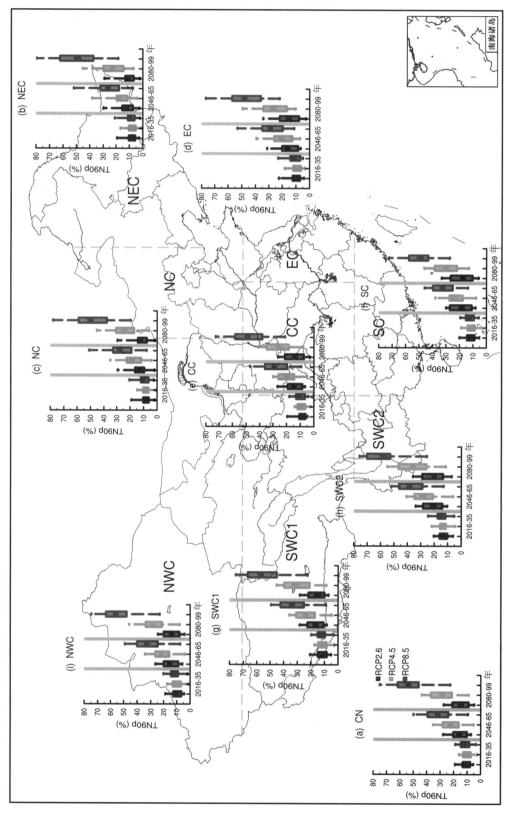

图5.6 未来不同时期中国及其各分区暖夜指数（TN90p）变化和不确定性分布图
（相对于1986—2005年）

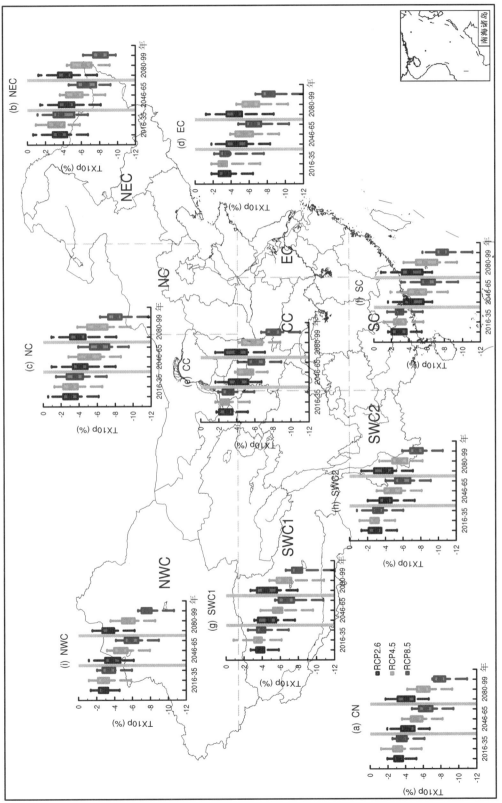

图5.7　未来不同时期中国及其各分区冷昼指数（TX10p）变化和不确定性分布图（相对于1986—2005年）

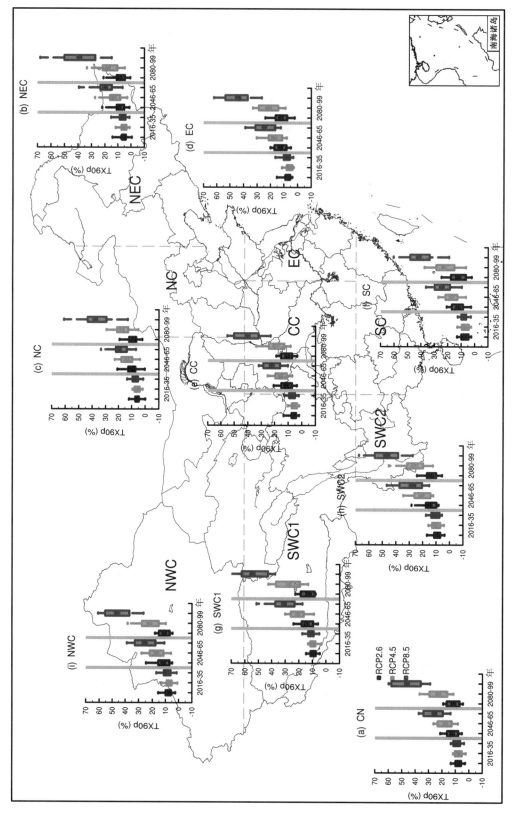

图5.8　未来不同时期中国及其各分区暖昼指数（TX90p）变化和不确定性分布图
（相对于1986—2005年）

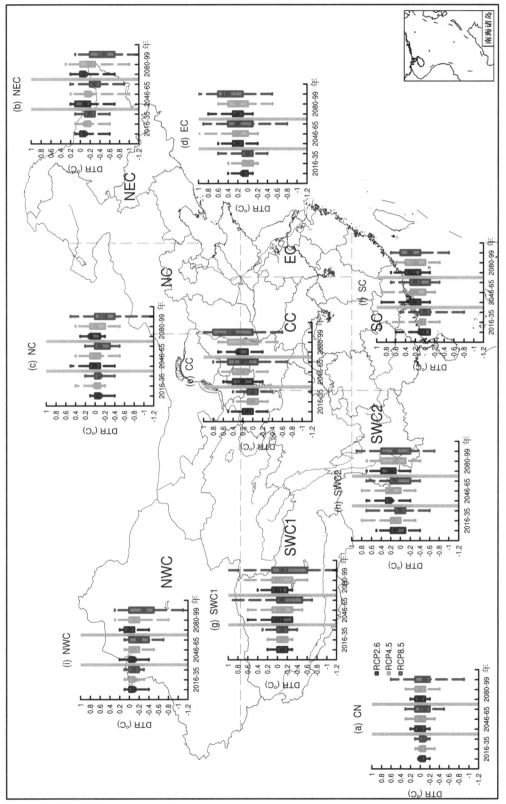

图5.9 未来不同时期中国及其各分区温度日较差（DTR）变化和不确定性分布图（相对于1986—2005年）

未来极端气候事件变化预估图集

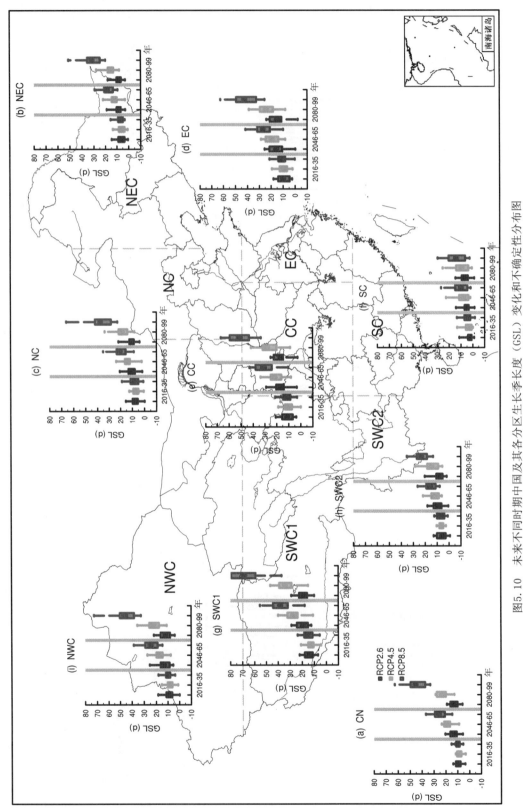

图5.10 未来不同时期中国及其各分区生长季长度（GSL）变化和不确定性分布图
（相对于1986—2005年）

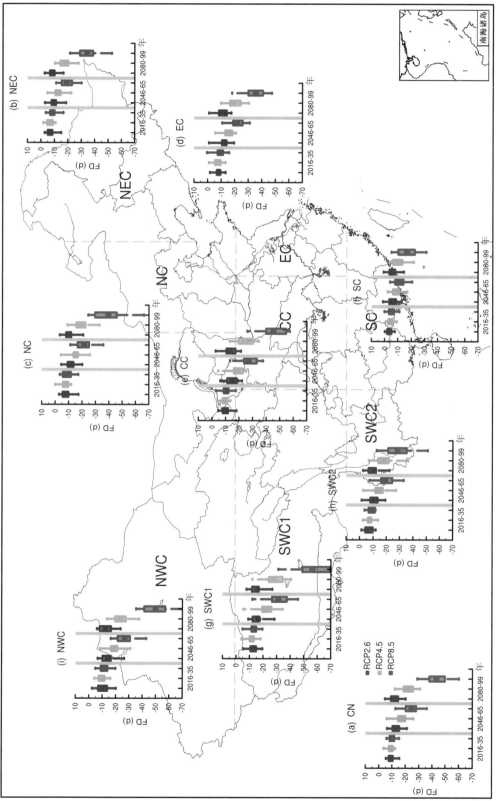

图5.11 未来不同时期中国及其各分区霜冻日数（FD）变化和不确定性分布图
（相对于1986—2005年）

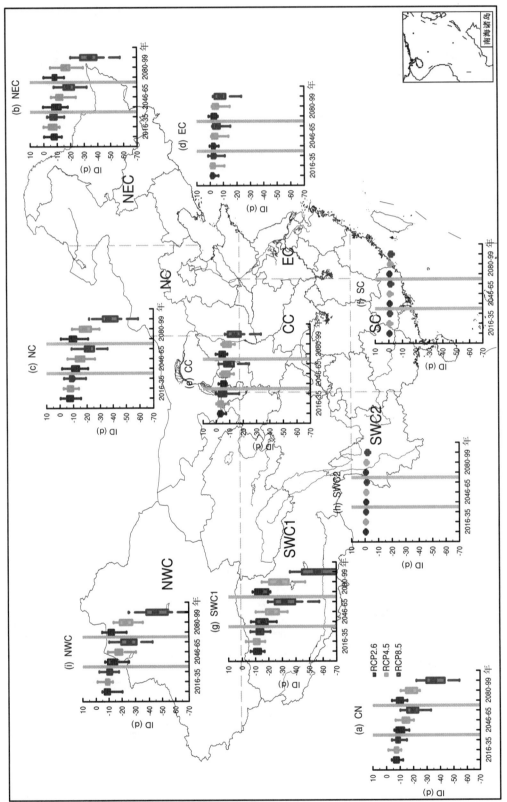

图5.12 未来不同时期中国及其各分区冰冻日数（ID）变化和不确定性分布图
（相对于1986—2005年）

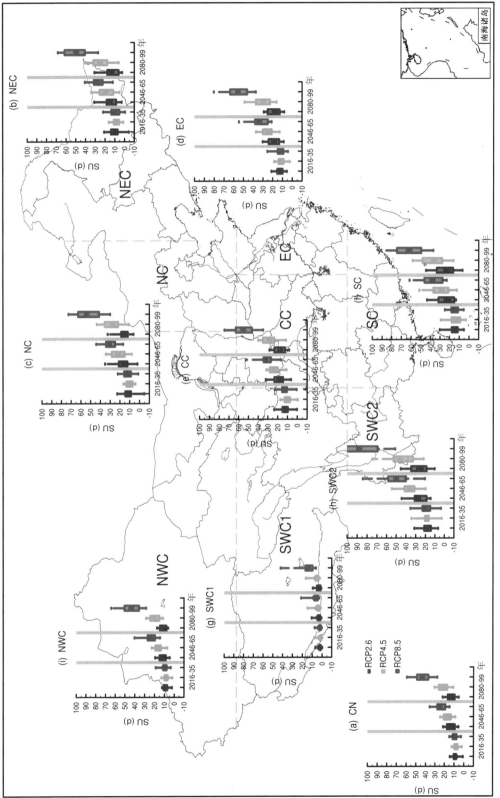

图5.13 未来不同时期中国及其各分区夏季日数（SU）变化和不确定性分布图（相对于1986—2005年）

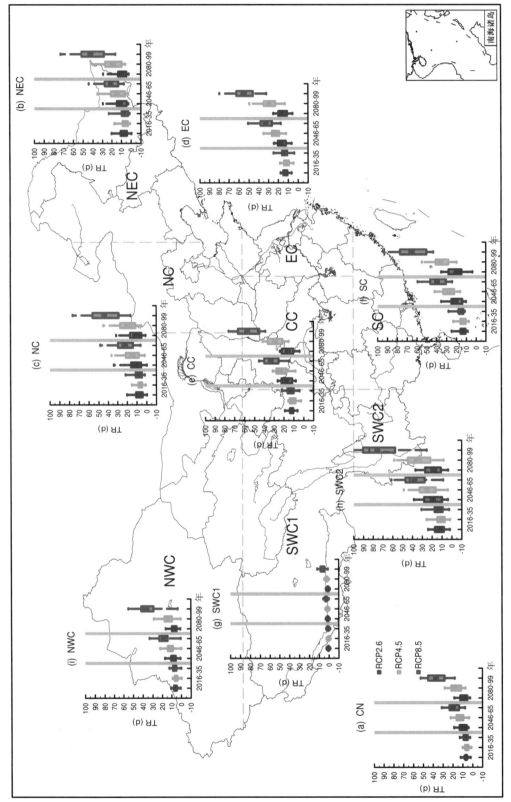

图5.14　未来不同时期中国及其各分区热带夜数（TR）变化和不确定性分布图
（相对于1986—2005年）

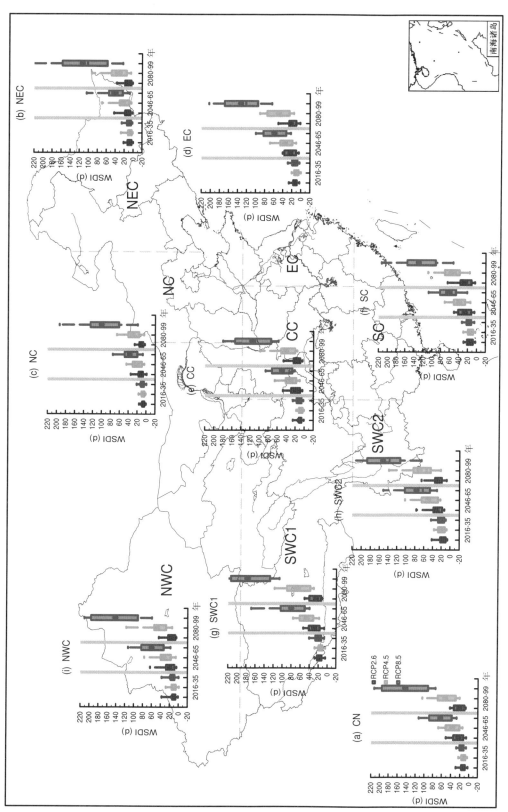

图5.15 未来不同时期中国及其各分区异常暖昼持续指数（WSDI）变化和不确定性分布图
（相对于1986—2005年）

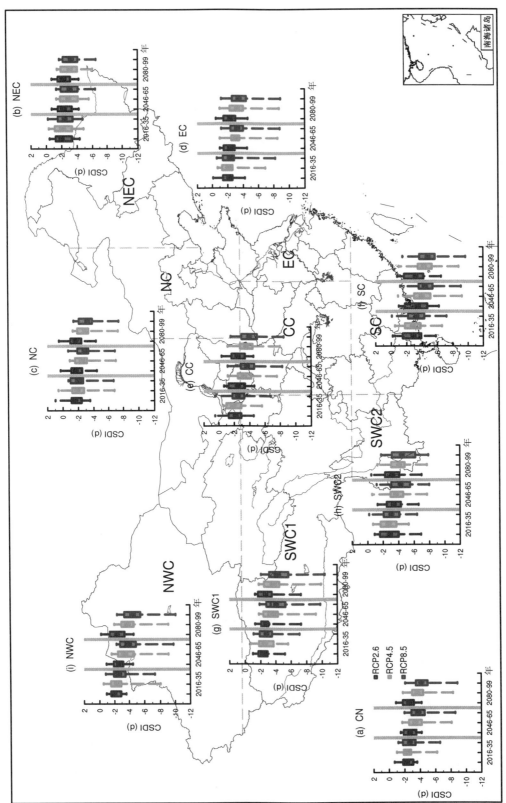

图5.16　未来不同时期中国及其各分区异常冷昼持续指数（CSDI）变化和不确定性分布图
（相对于1986—2005年）

5.2 降水相关极端气候指数的不确定性

图 5.17 是未来不同时期中国(CN)及其各分区日最大降水量(RX1day)变化和不确定性分布。结果表明,相对于 1986—2005 年,不同排放情景下,中国平均的 RX1day 在 21 世纪均呈增加趋势,且在较高排放情景下增加趋势更加明显,其中 RCP8.5 情景下,中国平均的 RX1day 在 21 世纪后期增加为 8～14 mm。中国各分区的 RX1day 在 21 世纪表现出与整个中国平均相似的变化特征,其中 SC、EC、CC、SWC2 增加变化范围的不确定性较大,而 NWC 增加变化范围的不确定性较小。此外,在较高排放情景下,RX1day 的不确定性范围更大,在 21世纪中、后期的不确定性更大。

图 5.18 是未来不同时期中国及其各分区 5 日最大降水量(RX5day)变化和不确定性分布图。结果表明,相对于 1986—2005 年,不同排放情景下,中国平均的 RX5day 在 21 世纪均呈增加趋势,且在较高排放情景下增加趋势更加明显,其中 RCP8.5 情景下,中国平均的 RX5day 在 21 世纪后期增加为 15～25 mm。中国各分区的 RX5day 在 21 世纪表现出与整个中国平均相似的变化特征,变化趋势最明显的地区是 SWC2、SC、EC、CC,而 NWC 变化趋势较弱。此外,在较高排放情景下,RX5day 不确定性范围更大,在 21 世纪中、后期的不确定性比近期更大。

图 5.19 是未来不同时期中国及其各分区降水强度指数(SDII)变化和不确定性分布。结果表明,相对于 1986—2005 年,不同排放情景下,中国平均的 SDII 在 21 世纪均呈增加趋势,且在较高排放情景下增加趋势更加明显。RCP8.5 情景下,中国平均的 SDII 在 21 世纪后期增加为 0.8～1.2 mm/d。中国各分区的 SDII 在 21 世纪表现出与整个中国平均相似的变化特征,其中 SC、EC、CC、SWC2 变化不确定性较大,而 NWC 增加变化的不确定性较小。此外,在较高排放情景下,SDII 的不确定性更大,且随着时间的推移,不确定性增大,其中 SC、SWC2、EC 地区的不确定性最大。

图 5.20 是未来不同时期中国及其各分区小雨日数(R1mm)变化和不确定性分布。结果表明,相对于 1986—2005 年,RCP2.6 情景下,中国平均的 R1mm 在 21 世纪近期、中期和后期略有增加。RCP4.5 和 RCP8.5 情景下,中国平均的 R1mm 在 21 世纪呈微弱增加趋势。对中国各分区而言,NWC、NC、NEC、SWC1 表现出与整个中国平均类似的变化特征,SWC1 的不确定性最大;而 SC、EC、CC、SWC2 在中、低排放情景下变化不明显,但在 RCP8.5 情景下,则呈减少的趋势。此外,在较高排放情景下,R1mm 的不确定性范围更大;与近期相比,在 21 世纪中、后期的不确定性更大,其中 SWC1、SWC2 地区的不确定性最大。

图 5.21 是未来不同时期中国及其各分区中雨日数(R10mm)变化和不确定性分布。结果表明,相对于 1986—2005 年,不同排放情景下,中国平均的 R10mm 在 21 世纪呈增加趋势。除 EC 外,中国多数分区的 R10mm 在 21 世纪表现出与整个中国平均相似的变化特征,而 EC 地区在 RCP8.5 情景下 21 世纪后期较中期略有减少,其中 SC、EC、CC、SWC2 增加范围的不确定较大,而 NWC 增加范围的不确定较小。此外,在较高排放情景下,R10mm 的不确定性范围更大,与近期相比,在 21 世纪中、后期的不确定更大。

图 5.22 是未来不同时期中国及其各分区大雨日数(R20mm)变化和不确定性分布。结果表明,不同排放情景下,中国平均的 R20mm 在 21 世纪呈增加的趋势。中国各分区的 R20mm

在 21 世纪表现出与整个中国平均相似的变化特征,变化趋势最明显的地区是 SWC2、SC、EC、CC、SWC1,而 NWC 变化趋势较弱。此外,在较高排放情景下,R20mm 不确定性更大,在 21 世纪中期、后期相对于近期的不确定性更大,趋势变化明显地区较趋势变化不明显地区的不确定性更大,其中 SWC2 地区的不确定性最大。

图 5.23 是未来不同时期中国及其各分区持续干期(CDD)变化和不确定性分布。结果表明,相对于 1986—2005 年,不同排放情景下,中国平均的 CDD 在 21 世纪均呈减少趋势,且在较高排放情景下减少趋势更加明显。RCP8.5 情景下,中国平均的 CDD 在 21 世纪后期减少为 1～13 d。SWC1、NC、NEC 的变化与整个中国平均的 CDD 类似,NWC 呈显著减少的趋势,SWC2、SC、EC 略有增加,CC 无明显变化。此外,NWC 的不确定性明显高于其他地区,且在较高排放情景下不确定性范围更大。

图 5.24 是未来不同时期中国及其各分区持续湿期(CWD)变化和不确定性分布。结果表明,相对于 1986—2005 年,三种不同排放情景下,中国平均的 CWD 均无明显变化。其中 RCP8.5 情景下,中国 CWD 在 21 世纪后期变化范围为 -1.4～0.3 d。NWC、CC、EC 的变化与中国平均类似,无明显趋势,NC、NEC 略有增加。在 RCP4.5 和 RCP8.5 情景下,SWC1、SWC2、SC 的 CWD 呈减少趋势,在 RCP2.6 情景下变化幅度较小。此外,SWC1、SWC2、SC 的不确定性高于其他地区,其中 SWC1、SWC2 在高排放情景下的 21 世纪后期不确定性最大。

图 5.25 是未来不同时期中国及其各分区强降水量(R95p)变化和不确定性分布。结果表明,相对于 1986—2005 年,三种不同排放情景下,中国平均的 R95p 在 21 世纪呈增加趋势,其中 RCP8.5 情景下,中国平均的 R95p 在 21 世纪后期增加为 80～130 mm。中国各分区的 R95p 在 21 世纪表现出与整个中国相似的变化特征,变化趋势最明显的地区是 SWC2、SC、EC,而 NWC 变化趋势较弱。此外,在较高排放情景下,R95p 增加的不确定性更大;21 世纪中期、后期相对于近期的不确定性更大,趋势变化明显地区较趋势变化不明显地区的不确定性更大,其中 SWC2 地区的不确定性最大。

图 5.26 是未来不同时期中国及其各分区极端强降水量(R99p)变化和不确定性分布。结果表明,在三种不同排放情景下,中国平均的 R99p 在 21 世纪均呈增加趋势,其中 RCP8.5 情景下,中国平均的 R99p 在 21 世纪后期增加为 50～80 mm。中国各分区的 R99p 在 21 世纪表现出与整个中国平均相似的变化特征,变化趋势最明显的地区是 SWC2、SC、CC、EC,而 NWC 变化趋势较弱。此外,在较高排放情景下,R99p 不确定性范围更大,在 21 世纪中、后期的不确定性相对于近期更大,趋势变化明显地区较趋势变化不明显地区的不确定性更大,其中 SWC2 地区的不确定性最大。

图 5.27 是未来不同时期中国及其各分区湿日总降水量(PRCPTOT)变化和不确定性分布。结果表明,相对于 1986—2005 年,三种不同的排放情景下,中国平均的 PRCPTOT 在 21 世纪均呈增加趋势,其中 RCP8.5 情景下,中国平均的 PRCPTOT 在 21 世纪后期增加为 75～150 mm。中国各分区的 PRCPTOT 在 21 世纪表现出与整个中国平均的相似的变化特征,变化趋势较明显的地区是 SWC2、CC、SC、EC。在较高排放情景下,PRCPTOT 不确定性范围更大,在 21 世纪中、后期的不确定性相对于近期更大,且南方地区的不确定性普遍大于北方地区,其中 SWC2 地区的不确定性最大。

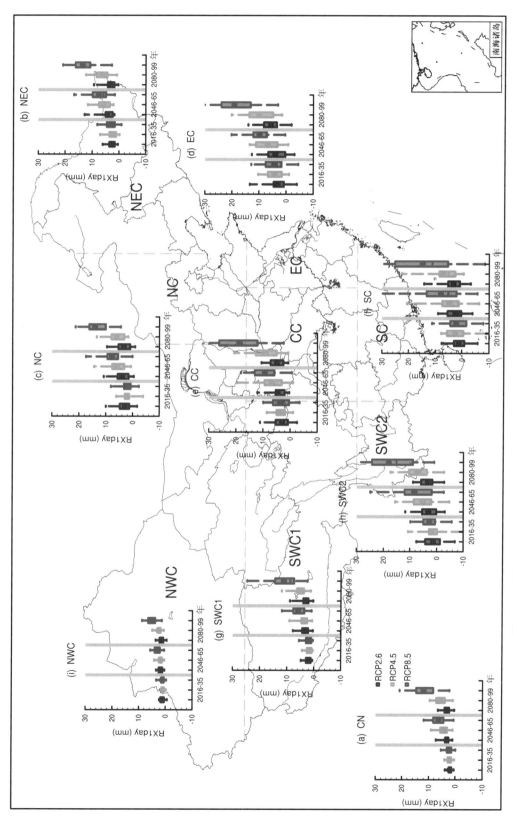

图5.17 未来不同时期中国及其各分区日最大降水量（RX1day）变化和不确定性分布图
（相对于1986—2005年）

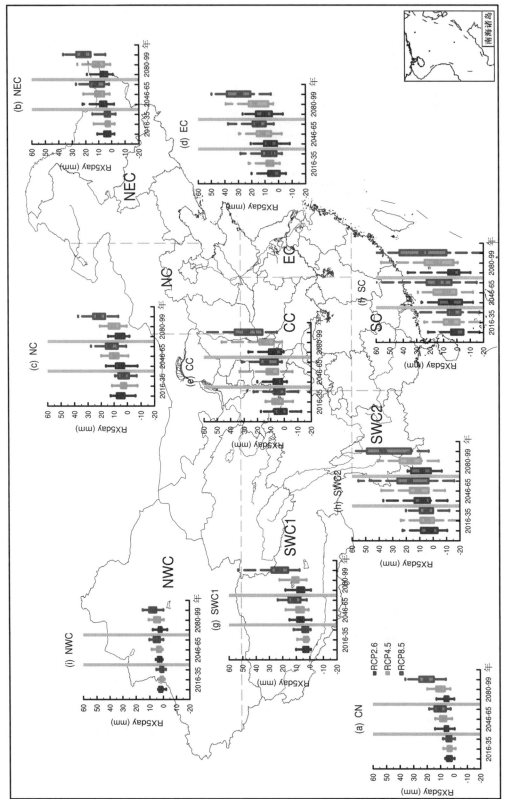

图5.18 未来不同时期中国及其各分区5日最大降水量（RX5day）变化和不确定性分布图（相对于1986—2005年）

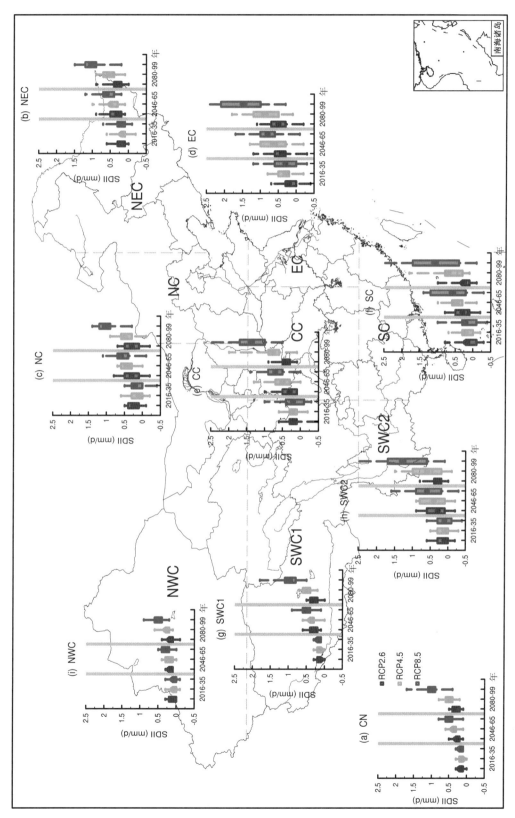

图5.19 未来不同时期中国及其各分区降水强度指数（SDII）变化和不确定性分布图
（相对于1986—2005年）

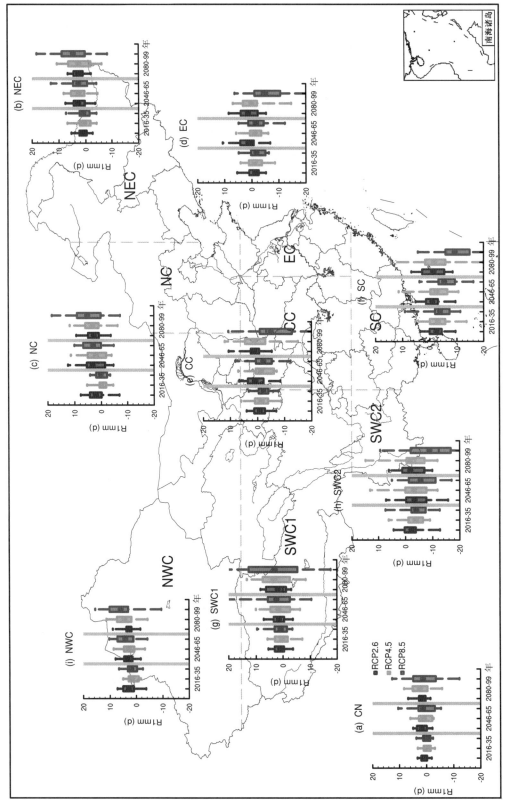

图5.20 未来不同时期中国及其各分区小雨日数（R1mm）变化和不确定性分布图
（相对于1986—2005年）

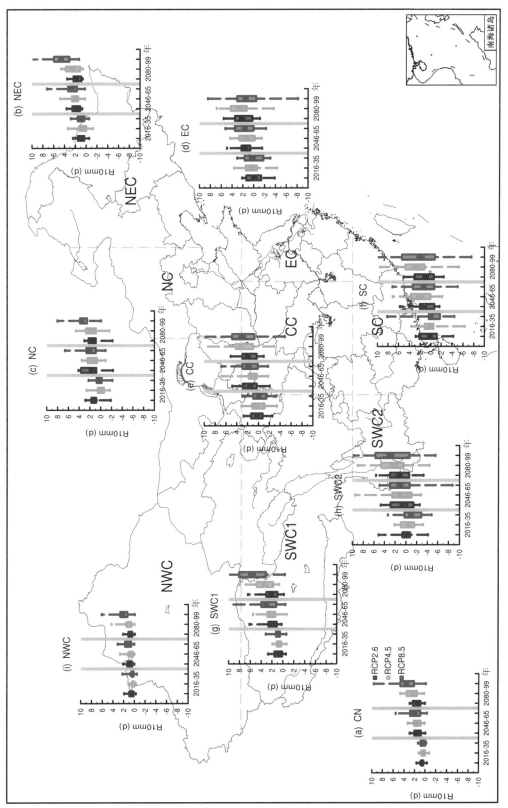

图5. 21 未来不同时期中国及其各分区中雨日数（R10mm）变化和不确定性分布图
（相对于1986—2005年）

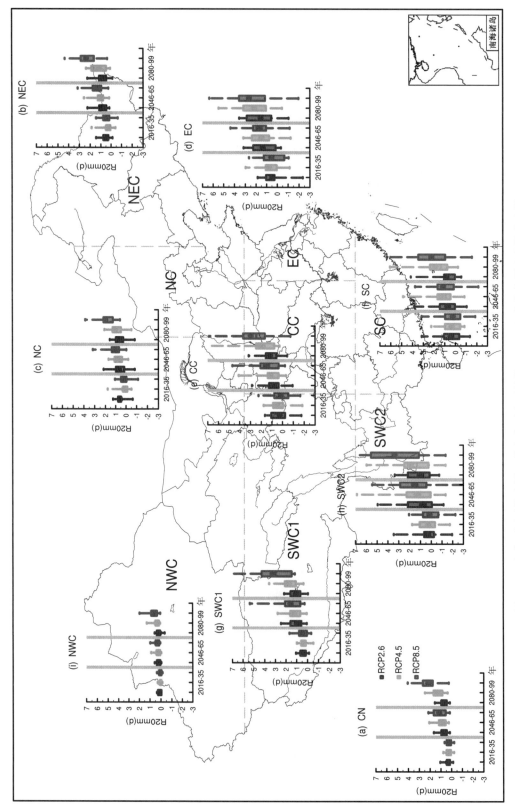

图5.22　未来不同时期中国及其各分区大雨日数（R20mm）变化和不确定性分布图（相对于1986—2005年）

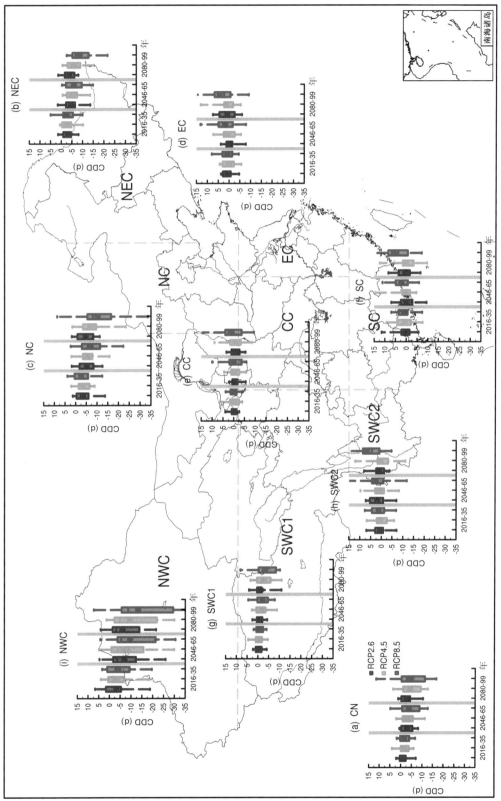

图5.23 未来不同时期中国及其各分区持续干期（CDD）变化和不确定性分布图
（相对于1986—2005年）

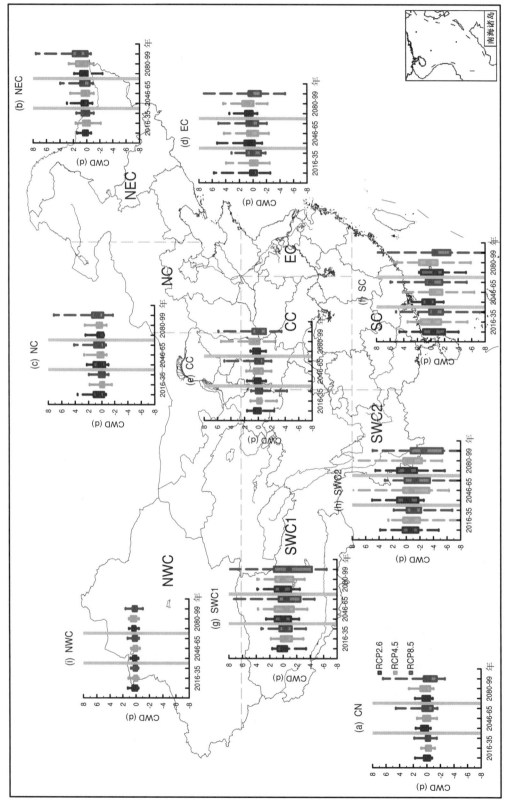

图5.24 未来不同时期中国及其各分区持续湿期（CWD）变化和不确定性分布图
（相对于1986—2005年）

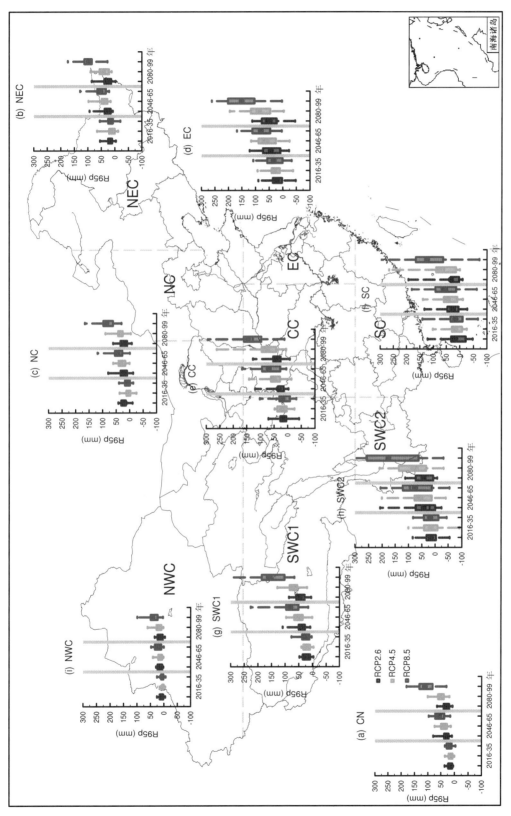

图5.25 未来不同时期中国及其各分区强降水量（R95p）变化和不确定性分布图
（相对于1986—2005年）

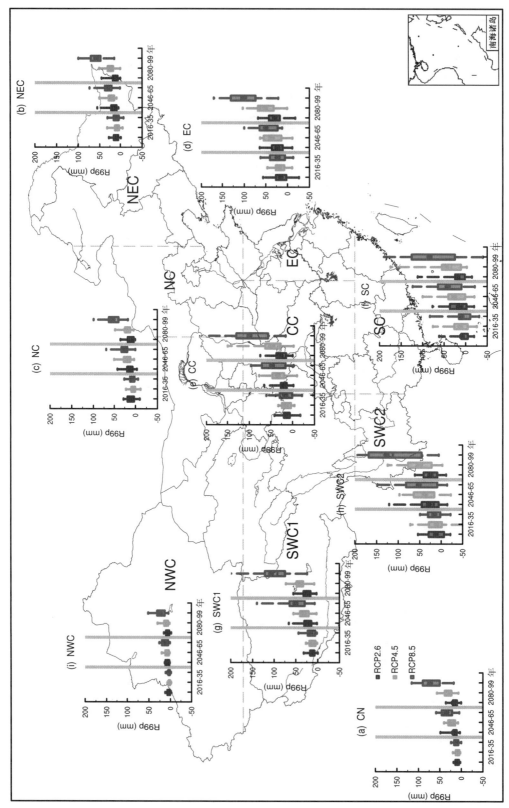

图5.26 未来不同时期中国及其各分区极端强降水量（R99p）变化和不确定性分布图
（相对于1986—2005年）

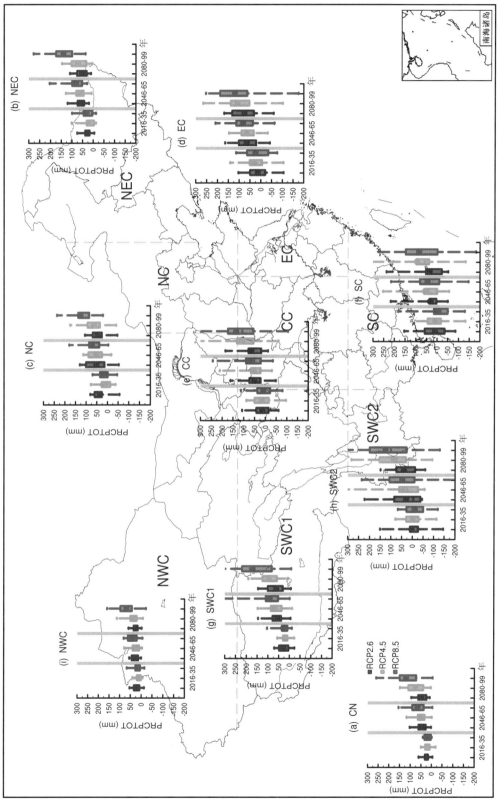

图5.27 未来不同时期中国及其各分区湿日总降水量（PRCPTOT）变化和不确定性分布图
（相对于1986—2005年）

参考文献

高学杰，石英，Giorgi F. 2010. 中国区域气候变化的一个高分辨率数值模拟. 中国科学（D 辑），**40**(7)：911-922.

沈艳，冯明农，张洪政，等. 2010. 中国逐日降水量格点化方法. 应用气象学报，**21**(3)：279-286.

石英，高学杰. 2008. 温室效应对中国东部地区气候影响的高分辨率数值试验. 大气科学，**32**(5)：1006-1018.

吴佳，高学杰. 2013. 一套格点化的中国区域逐日观测资料及与其他资料的对比. 地球物理学报，**56**(4)：1102-1111.

Alexander L V, Arblaster J M. 2009. Assessing trends in observed and modelled climate extremes over Australia in relation to future projections. *International Journal of Climatology*, **29**(3)：417-435.

Chen D L, Ou T H, Gong L B, et al. 2010. Spatial interpolation of daily precipitation in China：1951—2005. *Adv. Atmos. Sci.*, **27**(6)：1221-1232.

Christensen J H, Hewitson B, Busuioc A, et al. 2007. Regional climate projections// Climate Change 2007：The Physical Science Basis. Contribution of Working Group I to the Fourth Assessment Report of the Intergovernmental Panel on Climate Change. Cambridge：Cambridge University Press.

Feng L, Zhou T J, Wu B, et al. 2011. Projection of future precipitation change over China with a high-resolution global atmospheric model. *Adv. Atmos. Sci.*, **28**(2)：464-476.

Gao X J, Shi Y, Song R Y, et al. 2008. Reduction of future monsoon precipitation over China：Comparison between a high resolution RCM simulation and the driving GCM. *Meteor. Atmos. Phys.*, **100**：73-86.

Gao X J, Shi Y, Zhang D F, et al. 2012. Uncertainties in monsoon precipitation projections over China：results from two high resolution RCM simulations. *Climate Res.*, **52**：213-226.

Hutchinson M F. 1999. ANUSPLIN Version 4.0 user guide. Canberra：The Australian National University, Centre for Resources and Environmental Studies.

Hutchinson M F. 1995. Interpolating mean rainfall using thin plate smoothing splines. *Int. J. Geogr. Inf. Sys.*, **9**：385-403.

Ju L X, Lang X M. 2011. Hindcast experiment of extraseasonal short-term summer climate prediction over China with RegCM3_IAP9L-AGCM. *Acta Meteor. Sinica*, **25**(3)：376-385.

New M, Hulme M, Jones P. 1999. Representing twentieth-century space-time climate variability. Part 1：Development of a 1961—1990 mean monthly terrestrial climatology. *J. Climate*, **12**：829-856.

New M, Hulme M, Jones P. 2000. Representing twentieth-century space-time climate variability. Part 2：Development of a 1901—1996 monthly terrestrial climate field. *J. Climate*, **13**：2217-2238.

New M, Lister D, Hulme M, et al. 2002. A high-resolution data set of surface climate over global land areas. *Clim. Res.*, **21**：1-25.

Shepard D. 1984. Computer mapping：The SYMAP interpolation algorithm. *Spatial Statistics and Models*. (Gaile G L and Willmott C J, eds) Dordrecht：D Reidel Publishing.

Taylor K E, Stouffer R J, Meehl G A. 2012. An overview of CMIP5 and the experiment design. *Bull. Amer. Meteor. Soc.*, **93**(4)：485-498.

Wang A, Zeng X. 2011. Sensitivities of terrestrial water cycle simulations to the variations of precipitation and air temperature in China. *J. Geophys. Res.*, **116**：D02107.

Xie P，Yatagai A，Chen M Y，*et al*. 2007. A gauge-based analysis of daily precipitation over East *Asia*. *J. Hydrol*. ，**8**(3)：607-626.

Xu Y，Gao X J，Shen Y，*et al*. 2009. A daily temperature dataset over China and its application in validating a RCM simulation. *Adv. Atmos. Sci*. ，**26**(4)：763-772.

Yatagai A，Arakawa O，Kamiguchi K，*et al*. 2009. A 44-year daily gridded precipitation dataset for Asia based on a dense network of rain gauges. *SOLA*，**5**：137-140.

Yu E T，Wang H J，Sun J Q. 2011. A quick report on a dynamical downscaling simulation over China using the nested model. *Atmos. Oceanic Sci. Lett*. ，**3**(6)：325-329.

Zhang X，Alexander L，Hegerl G C，*et al*. 2011. Indices for monitoring changes in extremes based on daily temperature and precipitation data. *Wiley Interdisciplinary Reviews：Climate Change*，**2**(6)：851-870.